新発想の防衛論

非攻撃的防衛の展開

編

児玉克哉
Katsuya Kodama

ホーカン・ウィベリー
Håkan Wiberg

大学教育出版

はじめに

　2001年9月11日、アメリカで信じられないような同時多発テロ事件が勃発した。このアメリカの中枢を狙った同時多発テロは世界中に衝撃を与えた。唯一の超大国となったアメリカがなぜあれほどまでもろく、数千人の犠牲者を出すほどの攻撃を受けたのだろうか。このテロ事件は防衛のあり方を根本的に問いただすものであるといえる。夥しい数の核兵器を抱え、ステルス爆撃機、最新鋭戦闘機など世界最強の戦力を保有するアメリカ。しかし、そうした巨大で攻撃型の戦力の保持は、テロを防ぐことができなかったばかりか、テロを誘発する要因にさえなった。つまり、世界中どの国も対抗できないほどの攻撃的軍事力とそれを背景にした高圧的な外交政策は、憎悪のスパイラルを拡大させ、テロなどの襲撃を招くことになったのである。

　軍事のあり方が根本的に変革されなければ、どんなに軍事力を強大化させようとも新たな形での紛争やテロなどの不安は消え去ることはないだろう。攻撃的防衛から非攻撃的防衛へのダイナミックな変換が求められているのである。20世紀は核兵器をはじめとした攻撃的戦略の世紀であった。アメリカとソ連が巨大な核兵器体系を持ち、「恐怖の均衡」の上に暫定的な「平和」が成り立った。しかし、米ソ冷戦の終わった新世紀に入り、攻撃的防衛の上に立った「平和」は成立しなくなった。今回のアメリカでの同時多発テロ事件は、こうした攻撃的戦略の終焉を警鐘する象徴的事件であったといえるのではないだろうか。

　現在、アメリカはアフガニスタンに対して武力によるテロ撲滅戦争（報復戦争）を行っている。しかし、報復は報復を招き、憎悪のスパイラルはますます大きくなっていくのではないか。報復テロの可能性も現実的である。実際、今回のテロとの結びつきは確定できるわけではないが、アメリカでは炭疽菌事件が起こっている。敵を武力で脅す方法論、敵を武力で徹

底的に叩きのめす方法論は、テロの撲滅に貢献するよりもテロを誘発すると考えられる。軍事発想の変革が必要とされている。

　日本の防衛のあり方を考える上でも、非攻撃的防衛の発想は極めて重要になってきた。攻撃的軍事力は、充実させればさせるほど、「平和」が保証されるのではなく、逆に「敵」を刺激し、敵対関係が悪化して、今回のテロ事件にみられるような不測の事態を招くことになるのである。日米安保のもとで、アメリカの核の傘に入り、アメリカの極めて攻撃的で挑発的な軍事戦略の一端を担っている日本は、緊張時における標的にされ得る。今回のテロへの報復戦争に加担する日本も、テロの標的となる。またアジアでの有事の際には、米軍基地を抱える日本は間違いなく攻撃の標的となるだろう。自衛隊の防衛予算はアジアの中では突出しており、兵器のハイテク度もずば抜けている。日本はアジアでトップクラスの「軍事力」を保有し、なおかつ世界の憲兵たるアメリカ軍が駐留している国である。

　しかし、このことは日本の「平和」を保証するものではない。むしろこうした「軍事力」を持った上での、小泉首相の靖国神社参拝や一連の教科書問題に見られるような挑発的な政治的動向は、近隣諸国を刺激し、アジアの安定を崩す要因となるのである。日本の置かれている立場は決して望ましいものではない。中国や韓国などの近隣諸国からは、反日の大合唱が聞こえてくる。現在の姿勢のままに軍事力を増強しても日本の平和は保証されない。むしろ平和は脅かされる。

　攻撃的な防衛体制を抜け出し、非攻撃的な防衛体制を築き、テロや地域紛争を誘発しない環境をつくると共に、万一そうした不測の事態が起きたとしてもそれらに対応できるようなシステム作りこそが、今、日本の防衛に迫られているのではないだろうか。

　本書が提示する防衛理論は、ポスト冷戦時代における新しい防衛の発想である。アメリカで起きた卑劣な同時多発テロ事件の首謀者を許すことはできないし、この事件で犠牲になった方々のご冥福を心から祈る。こうした悲劇を繰り返させないためにも、時代の要請する新しい発想で、日本の

防衛が再構築されることを願う。

　序章では日本を取り巻く国際情勢を概観している。非攻撃的防衛理論の具体的紹介と日本への応用に関しては第1章以降で行う。第1章は理論的でやや難解であるが、この理論の中心的研究者であるビョン・ミョレーが非攻撃的防衛理論の基本的概念について紹介している。第2章は、ヨーロッパにおける平和研究の第一人者であるホーカン・ウィベリーがこれまでの安全保障政策や理論との関係から非攻撃的防衛を分析したものである。第3章では、ビョン・ミョレーがヨーロッパで生まれた非攻撃的防衛理論が非ヨーロッパ圏においても有効であることを論じている。第4章では、世界的な国際政治研究者として知られるバリー・ブザンが、非攻撃的防衛理論を日本に応用する可能性と意義について論じている。第5章は、児玉がさらに日本のケースにおいて具体的に非攻撃的防衛の展開はどういうことを意味するのかについて試論を展開している。

　この4人は、コペンハーゲン平和研究所を中心に本書の出版プロジェクトを進めたわけであるが、4人の中で非攻撃的防衛の在り方についてのコンセンサスを形成したうえで執筆したわけではない。いくつかの点で若干異なる立場や意見が各々の章で展開されていることも確かである。ビョン・ミョレーも述べているように、非攻撃的防衛理論は必ずしも1つの統一された考え方ではない。研究者によって異なった展開があることは当然といえるだろう。にもかかわらず、非攻撃的防衛理論が防衛に対する基本的な方向性を打ち出していることは確かであり、この4人の論文によってこの理論のおおよその把握と展開が分かるのではないかと思う。

　日本は第2次世界大戦を反省した国である。日本は広島・長崎の原爆投下の悲劇を経験した国である。日本は平和憲法を持ち、世界の平和をリードする国である。しかし残念ながら、この日本の平和主義は具体的な「戦略」として体系的な展開はされなかった。戦後、「理想主義的平和路線」と「現実主義的軍事路線」の狭間で国家の防衛政策は揺れ動いたが、現実的平和路線が明確に提起されることはなかったといえる。本書が、日本の防衛に

新たな視点を与え、新しい時代の新しい防衛政策の展開につながることを希望してやまない。

2001年10月

児玉　克哉

新発想の防衛論
―― 非攻撃的防衛の展開 ――

目　次

序章　日本を取り巻く軍事環境 …………………………………………1
　　　　　　　　　　　　　　　　　　　　　　　　　　／児玉　克哉
　　1　アジアの平和　*2*
　　2　朝鮮半島の現状　*5*
　　3　中国を取り巻く状況　*10*
　　4　アジアの核拡散　*15*
　　5　日本の進むべき道　*16*

第1章　非攻撃的防衛の基本的概念 ………………………………………21
　　　　　　　　　　　　／ビョン・ミョレー　Bjørn Møller（木村力央訳）
　　1　非攻撃的防衛概念の歴史　*22*
　　2　非攻撃的防衛の基本的概念　*25*
　　3　攻撃・防衛の区別　*28*
　　4　防衛力　*34*
　　5　モデルの範囲　*36*
　　6　多面的非攻撃的防衛　*39*
　　7　核兵器と集団安全保障　*40*
　　8　対抗手段　*43*
　　9　実施方法　*48*

第2章　安全保障政策の文脈から見た非攻撃的防衛 ……………………61
　　　　　　　　　　／ホーカン・ウィベリー　Håkan Wiberg（永田尚見訳）
　　1　序　論　*62*
　　2　非攻撃的防衛と信頼醸成　*63*
　　3　非攻撃的防衛と危機の制御、戦争拡大の制御　*68*
　　4　非攻撃的防衛と軍拡競争の制御　*71*
　　5　非攻撃的防衛と集団安全保障　*75*

第3章　ヨーロッパ圏を越える非攻撃的防衛 ……………………………83
　　　　　　　　　　　　／ビョン・ミョレー　Bjørn Møller（木村力央訳）
　　1　ヨーロッパの非攻撃的防衛モデルの限界　*84*
　　2　拡大された核抑止の有効範囲　*86*
　　3　目に見えるアスペクト　*88*
　　4　経済的制約　*89*
　　5　自国生産の必要性　*91*
　　6　面積に対する兵力の比率の要因　*92*

7 専門化の重要性　*94*
  8 相乗作用と多面性　*95*
  9 空軍における非攻撃的防衛　*95*
 10 海軍における非攻撃的防衛　*98*
 11 市民と軍事の関係　*101*
 12 国内の脅威　*102*
 13 実施方法　*103*

第4章　日本の防衛問題 ………………………………*113*
／バリー・ブザン　Barry Buzan（木村力央訳）

  1 戦略的ポジション　*114*
  2 歴史的考察　*116*
  3 冷戦における日本のポジション：不履行による非攻撃的防衛　*118*
  4 冷戦の終焉とその結果　*122*
 （1）日本のアメリカとの関係　*123*
 （2）日本の東アジアとの関係　*125*
 （3）日本と国際システムとの関係　*130*
 （4）日本の国内での関係　*132*
  5 見通し　*134*

第5章　非攻撃的防衛を日本の防衛基本に ………………*141*
／児玉　克哉

  1 はじめに　*142*
  2 理想主義と現実主義の狭間で　*143*
  3 非攻撃的防衛とは何か　*147*
  4 取り巻く環境の変化　*151*
  5 打開としての非攻撃的防衛　*156*
  6 非攻撃的防衛の展開　*160*
 （1）防空対策　*161*
 （2）海域防衛対策　*165*
 （3）領土防衛　*167*
  7 現代日本を取り巻く課題について　*169*
 （1）日米安保と非攻撃的防衛　*169*
 （2）ＴＭＤと非攻撃的防衛　*171*
  8 おわりに　*173*

あとがき　*176*

序章

児玉克哉

日本を取り巻く軍事環境

1 アジアの平和

　冷戦の終焉と共にアジアには漠然とした平和への期待感が訪れた。日本のバブル景気は冷戦の終焉からまもなく終わりを告げたが、アジアの多くの国はごく最近まで未曾有の経済成長に酔いしれていた。アジアの時代の到来が叫ばれ、アジアは21世紀の世界の中心として平和と繁栄を謳歌するというイメージが作られてきた。

　しかし、アジアの平和と繁栄は誰からも約束されたものではなく、むしろ近未来を予測するなら、アジアは極めて危険な地域になりつつあるといえる。複雑に絡み合う様々な要因がアジアの安定を脅かしている。アジアにおける急速な経済発展は、アジア諸国が軍事へ予算を投入し、軍備の近代化を進める余裕を与えた。駐留のアメリカ軍、ロシアと日本のみが最新の兵器を保有するという状況は崩れつつあり、中国、台湾、ASEAN諸国、インド、パキスタンなど多くの国で軍備の近代化が進められている。アメリカやヨーロッパの軍需産業からの売り込みもあり、アジアの軍事化はここ10年の間に格段に進んだ。このことは、領土問題などで潜在的な敵国である各々の隣国との信頼関係の悪化を意味し、平和のバランスが崩壊する危険性をはらむ。

　また急速な経済発展は、国内の貧富の差を増大させ、社会混乱の要因となっているといえる。無理な経済発展は、時に反動としての経済の崩壊をもたらすこともある。実際に、現在はアジアの多くの国は経済・金融危機に見舞われており、インドネシアなどでは国内の社会混乱を引き起こすことにつながっている。経済的、政治的に密接に絡み合うアジアにおいて、こうした国内的な混乱は、国際的な安全保障においても大きな脅威である。この点においては、中国経済の今後が大いに注目される。中国経済の急速な成長は、アジア経済危機の状態においても大きな崩れをみることなく、今までのところ「開放路線」は成功を収めている。しかし、中国経済の破

綻を危惧する研究者が多いことも確かである。共産党の一党独裁のもとに進められてきた市場経済の破綻がどのような社会的インパクトを持つのかは分からない。どのようになるにしても、日本のみならずアジア、世界への影響は重大であると考えられる。

アジアにおいては、領土問題をめぐっての争いが絶えないことも不安定要因の1つである。また後で触れることになるが、カシミール問題や南沙諸島問題など紛争の火種には事欠かない。日本も北方領土、竹島、尖閣列島において、「領土問題」を抱える。紛争への暴発の危険を秘めながら、領土をめぐる対立はくすぶっているのである。

このほかに、民族や宗教間の対立も紛争発生への火種となり得る。アジアだけの特色ではないが、アジアにも他の地域と同様に多くの民族、宗教が混在し、対立関係にあるものも少なくない。実際に紛争に発展したものもあるし、紛争への火種として潜在しているものもある。

このように見てきたとき、日本を取り巻くアジアの環境は様々な危険に満ち溢れていることが分かる。いたずらにこうした危険を強調することは、さらに危険を増幅し得る日本の軍事化を導くものであり、避けなければならない。しかし、この危険に目を閉ざすことも決して平和への道にはつながらないであろう。危険を直視しながらも、安易な軍拡の道をとるのではなくお互いの信頼と友好を築く道を模索する必要性があるのだ。

アジアの状況をさらに危険なものにしているのは、安全保障の枠組みがほとんど存在しないということである。アジアの安全保障の枠組みについて論じるとき、まず挙げられるのは東南アジア諸国連合（ASEAN）である。確かに冷戦終焉以後、ASEANは経済協力だけでなく、安全保障についても論じるようになっている。1993年7月のシンガポールにおけるASEAN拡大外相会議においてアジア太平洋地域の安全保障を論じるASEAN地域フォーラム（ARF）の設立の合意がなされ、翌年発足している。日米ロ中なども参加した計19か国・機関で、地域の信頼醸成や予防外交などに取り組んでいる。しかし、実際に地域紛争などが起こった場合、どこまで機能する

かは見方が分かれている。現在の時点では、安全保障問題のコミュニケーションのチャンネルとしては機能しても、具体的な問題に対して実質的な行動を起こすことには限界があるようである。

このようにアジアにおいて安全保障の枠組みの形成が未熟なのは、アジアの2つの大国、中国と日本の存在によるところが大きい。政治力や軍事力などを総合した国力からして、アジアの安全保障問題を考えるとき、この2つの国が中心的な役割を果たすべきなのであるが、実際にはほとんど不可能に近い。中国は、歴史的にも周辺諸国の多くと国境をめぐっての紛争を行ってきたし、現在もなお、それらのいくつかはくすぶり続けている。中国と国境を接するアジアの多くの国にとって、最大の懸念事項は明らかに中国の存在であり、この大国の対外進出にどのように対応するかという事は、悩みの種なのである。つまり、リーダーシップを取れるはずの中国は、周辺諸国にとってはまさに脅威そのものであり、中国が安全保障の枠組みの中心となることを承認するはずがない。日本は、中国と比較したとき、アジアの国々にとっての現実的な脅威となる可能性は低いだろう。しかし、第2次世界大戦におけるアジア諸国への侵略の歴史によって、半世紀以上たった現在においても日本は感情的にアジアのリーダーとして受け入れられがたい。少なくとも安全保障の分野におけるリーダーとしては明らかに拒否されている。戦争責任を曖昧にしたままに世界の第一線級の最新兵器を備える日本の態度に対して、漠然とした不信感が存在する。日本も現在の状況では、安全保障の枠組み形成の指導的役割を演じることはできないのである。

こうした中で、世界の超大国であるアメリカの存在は、良い意味でも悪い意味でも大きい。冷戦時代には、もう1つの超大国であったソ連に対決するという目的があり、アジアにも積極的な介入を行った。冷戦の終わった今、アメリカは中国への牽制と日本の封じ込めという役割を持ち、依然としてアジアに駐留している。アジアには自らの安全保障の枠組みが形成されていないために、「アジアの憲兵」としてのアメリカの存在は受け入れら

れているものの、アメリカが必ずしも「正義の実行者」でないことはアジアのどの国も分かっている。アメリカの存在そのものがアジアの平和の脅威になり得ることも明白である。だからこそ、日本においてもアジアの他の国々においてもアジアにおけるアメリカの存在は入り交じった複雑な感情で捉えられているのである。しかも、冷戦の終焉した今、本当に紛争が起こったとき、アメリカがどこまで責任を持つのかは明らかでない。諸刃の剣であるアメリカの介入を認めなければならない現状に、アジアの苦悩がある。

こうした複雑なアジアの状況を踏まえた上で、日本の防衛を考えなくてはならない。日本の防衛には新しい時代の新しい発想が必要なのである。非攻撃的防衛は、少なくとも閉塞している安全保障の現状への1つの答えとなると思う。

2 朝鮮半島の現状

アジアの安全保障の現状を概観した後で、地域をさらに限定して分析をしてみたい。ここ数年間、日本の安全保障の脅威として日本のメディアで最も取り上げられたのは北朝鮮(朝鮮民主主義人民共和国)である。2000年6月の南北朝鮮首脳会談は、確かに歴史的な会談といえる。未知の国であった北朝鮮のベールの一部が取られ、さらに解放へと進む可能性が出てきた。しかし、南北間の交流が期待されるほど進まず、南北間がまた冷戦に入る場合も、また逆に交流が一気に進み、南北の統一が現実化する場合にも、安全保障という視点からは注意をしなくてはならない。大きな変化は必ずしも平和的になされるとは限らないからである。こうした視点から、朝鮮半島のここ数年の流れを簡単にまとめてみよう。

(1) テポドンロケット

1998 (平成10) 年8月31日、北朝鮮はテポドンロケットを発射し、ロケットは日本列島を飛び越えて太平洋に落下するという事態が発生した。米政府から伝えられた情報によると、ロケットは3段式で、1段目は日本海に、2段目は日本列島を飛び越えて太平洋に落下。その前に2段目から分かれて、水平方向に加速していく物体が確認されたが、この3段目の軌跡は20数秒後に消えた。固体燃料の推進装置を持つ3段目はハワイ方向に向かう軌道にあったが、日本海上空で爆発、破片が飛び散ったと見られる。北朝鮮は「人工衛星の打ち上げ」を主張しており、またアメリカと韓国も人工衛星失敗説をとっている。たとえ人工衛星の打ち上げの失敗であるにしても、北朝鮮が日本の本土を越える能力のロケットを保有したことの意味は大きく、日本国民を不安に陥れた。

(2) 不審船

1999年3月23日には、北朝鮮の工作船と見られる不審船の日本領海への侵入事件が起こっている。3月24日の朝日新聞は以下のように報道している。「23日午前、新潟県佐渡島西約19kmと能登半島の東約46kmの日本領海内で、海上自衛隊の航空機が漁具を積んでいないなどの不審な漁船2隻を見つけた。連絡を受けた海上保安庁が船体に書かれた船名などをもとに調べたところ、漁船原簿から抹消された廃船と偽名の船であることが分かった。海上保安庁の巡視船艇9隻、航空機2機に海上自衛隊の護衛艦などが追跡し、信号などで停船命令を出したが、2隻ともこれを無視して逃走した。このため、午後8時過ぎ、新潟県の佐渡島沖北方約280kmの公海上で、巡視船艇3隻が2隻の船尾付近の海面に機銃などによる威嚇射撃を実施。」

不審船に対して威嚇射撃をしたことに対して、過剰反応であったのでは

ないか、懸案となっていたガイドライン法案との絡みがあるのではないか、といった意見も出されているが、日本国民にとって北朝鮮の工作船と見られる不審船が日本領海に存在するという事態は不安材料であることには間違いない。

(3) 核疑惑

　北朝鮮の核弾頭の製造・保有に対する「疑惑」も、ここ数年来大きな関心を集めている。北朝鮮の秘密主義によって、北朝鮮の核兵器保有の能力や可能性に関しての正確な情報はなかなかつかむことができない。北朝鮮はすでに核弾頭を保有しているといった情報も時折流されるが、これが確認されたことはない。しかし情報の公開が低いために、こうした情報が完全に否定されることもなく、「灰色」の状態が続いている。

　北朝鮮は1993年にNPT（核不拡散条約）からの脱退を表明し、北朝鮮の核開発に対する懸念は一気に高まった。核不拡散を重視していたアメリカは、問題の解決のために、米朝交渉を開始して、94年10月にジュネーブ米朝枠組み合意が成立した。これは、アメリカが軽水炉2基を供与するためのアレンジを行い、年間50万トンの重油を提供する代わりに、北朝鮮は核開発を凍結し、IAEA（国際原子力機関）の査察を受け入れるというものであった。しかし、この合意も、金昌里（クムチャンニ）の地下施設の建設によって破綻の危機に晒されている。アメリカはこの施設を原子炉施設になり得ると判断しており、査察を要求している。事態がどのように進展していくか、今後の交渉を見守る必要がある。

　日本にとって北朝鮮の核兵器の問題が関心を集めているのは、ただ単に日本が被爆国であり、核兵器に特別の感情を抱いているからではない。北朝鮮がテポドン開発に成功したとしても、命中精度は相当に低いものであると考えられ、超大型爆弾、つまり核弾頭が備わらなければたいした脅威にはならないのである。逆にいえば、テポドンミサイルと核弾頭の開発が

成功するなら、日本は相当に大きな脅威に晒されることになるのである。

(4) 日本の対応

このように朝鮮半島を取り巻く状況は不安材料に満ち溢れている。北朝鮮の閉鎖主義・秘密主義は、北朝鮮が何をしでかすか分からない異常な国としてのイメージを生み出した。漠然とした不安と恐怖のもとに、アメリカを中心とした米韓日の軍事連携はますます強められ、それに北朝鮮が対抗していくという不信と軍拡の連鎖が起こっている。

しかしここで冷静に考える必要があるだろう。北朝鮮と米日韓の軍事力を比較するなら、まったく勝負にならないほどのアンバランスがある。日本と北朝鮮だけの軍事力を比較しても、世界の最先端兵器を保有する日本と旧ソ連から譲り受けた年代モノの兵器の北朝鮮とは相当な格差があると考えるのが一般的である。こうした状況を踏まえた上で、それでも北朝鮮が戦争を仕掛けてくるシナリオを考えてみよう。

①北朝鮮の判断ミス

韓国を相手にしろ、日本を相手にしろ、常識的には北朝鮮が最終的に勝利する可能性はまずないといえる。しかし、この「常識」を北朝鮮の幹部が共有しているかどうかは明らかではない。言うまでもなく北朝鮮は金日成を引き継いだ金正日の独裁的政権である。北朝鮮に有利な情報のみが指導者に伝えられ、指導者が誤った情報のもとに誤った判断をする可能性は否定できない。

だが、この場合には北朝鮮を敵視して圧力を加えるより、北朝鮮とのコミュニケーションをできるだけとり、的確な情報が相手に伝わるように努力する方がリスクの減少につながるのではないだろうか。

②国内社会の混乱から苦し紛れの攻撃

北朝鮮が深刻な食糧危機に見舞われているのは事実であるようだ。1990年代半ばから洪水によって餓死者が出るというほどの極度の食糧危機が伝

えられている。問題なのはこの食糧危機が洪水だけによって引き起こされているのではなく、構造的な問題をはらんでいるということである。確かに食糧危機の一因は連続して発生した洪水被害にあったとはいえ、農業技術の蓄積を妨げる生産システムや過度の化学肥料の使用による土地の疲弊、農業専従者に対する意欲増進策のなさ、など根本的な要因に起因しているといわれている。とすれば、食糧危機は今後も北朝鮮を苦しめることとなるであろう。金正日政権がこの食糧危機、そしてそれから起こり得る国内的混乱に耐え切れなくなったとき、国内問題を国際問題に転嫁しようと苦し紛れの攻撃をすることはシナリオとして考え得る。

しかし、こうした状況に備えて米日韓が軍事包囲網を張り、北朝鮮を孤立させることが、果たして危機の回避につながるのであろうか。むしろ北朝鮮をさらに追い詰めて、国内社会の動乱が起こりやすい状況を作りあげるのではないだろうか。

以上のように考えるならば、いずれのシナリオにおいても攻撃的な防衛によって北朝鮮を抑え込もうとするよりも、非攻撃的な防衛システムを構築しながら、対話路線をとっていく方が危機を回避できる可能性が高いことが分かるだろう。北朝鮮をめぐる問題は不透明なことが多い。漏れてくるわずかな情報と北朝鮮政府からの暗号のようなシグナルから推察するしかないのである。だからこそ不気味であり、北朝鮮脅威論が威勢を増すこととなる。私は、北朝鮮の脅威はないと主張するものではないし、北朝鮮の「良心」を信じて非武装無抵抗を論じるものではない。しかし、「脅威論」のもとにさらに米日韓の軍事化路線を押し進めることは、脅威をさらに拡大することにしかつながらないのではないかと思う。防衛の基本にかえって、非攻撃的な防衛システムのもとに対話路線を進むことが日本にとっても最も安全な道といえるのではないだろうか。

2000年6月の南北朝鮮首脳会談の成功は、南北朝鮮の統一の可能性を予感させるものであった。テレビに映し出される金正日総書記の明るい振る舞いから、北朝鮮の不透明感は薄らいだ感じがする。しかし、これは現時

点ではあくまで「感じ」であり、この首脳会談からどのような展開がなされるかはまだ予測しがたい。しかし、どのような事態になろうとも、日本は非攻撃的な防衛に徹し、北朝鮮に対して必要以上の敵対姿勢を持たないようにすることが、日本の平和にとっても、また近い将来に実現するかもしれない南北朝鮮の統一が平和的になされるためにも、重要なことであろう。

3　中国を取り巻く状況

　中国を取り巻く状況も不安定要素に満ち溢れている。中国は様々な意味において「大国」である。世界最大の12億の人口を抱えており、領土面積においてもアメリカを凌ぐほどの面積を有している。核兵器とその運搬手段であるICBMも保有しているし、国連の安保理の常任理事国の1つでもある。まさに「大国」の名に相応しい強力な国といえる。
　しかし近年までは、経済力の後進性と技術力の未熟さから「潜在的な大国」として見られても総合力としては日本にも劣ると考えられてきた。その中国は鄧小平の「開放路線」の導入によって驚くべき速度で経済成長を成し遂げてきたのである。それに伴って、軍事力も量に頼る傾向があったのが、軍隊の近代化に着手してきた。最新兵器を購入する経済的余裕と共にそれらを維持し、また新たに開発する技術力を得つつある段階にある。名実ともにアジアの大国としての地位を築きつつあるのである。しかし、こうした繁栄は必ずしもアジアの平和と安定に結びつくものではない。実際に「軍事大国」中国の出現を脅威として受け止めているアジアの国は少なくないはずである。中国を取り巻く具体的な諸問題について簡単に見てみよう。

(1) 台湾問題

　中国（中華人民共和国）と台湾（中華民国）は、互いに相手の政権を承認していない。台湾は現在、国際社会で一国に相当する地位を与えられること、つまり国際的な認知を要求しているが、中華人民共和国政府は「2つの中国」を断固として否定し、台湾の独立に真っ向から反対している。「台湾が独立を宣言するのであれば軍事介入をする」と明言している。この問題に関する妥協はあり得ないという中国の強硬な姿勢は、アジアにおける深刻な不安材料である。

　実際に1996年春の台湾海峡危機は、この問題の深刻さを浮き彫りにした。96年3月の台湾総統選挙に対して中国は台湾海峡にて大規模な軍事演習を行った。アメリカは空母を2隻派遣して台湾海峡の平和維持に決然たる態度を示し、緊張は一気に高まったのである。中国は、台湾が「独立」を宣言するなら、いつでもミサイルを撃つ用意があることを示し、アメリカはもしそうした事態が起こるなら、軍事介入も辞さないという強固な姿勢を示したのである。

　96年の台湾総選挙の結果は、予想通り李登輝総統が圧勝した。独自外交の李登輝、台湾独立の彭明敏両氏を合わせると75％、つまり4分の3の得票となるのである。また、2000年3月の台湾総統選挙では民主進歩党（民進党）の陳水扁氏が総統に当選した。就任演説で陳総統は、中国側に武力侵攻の意図がなければ、台湾の独立は宣言しない、国名を変えず統一か独立かの住民投票もしない、李登輝前総統の「二国論」を憲法に入れない、などと中国に配慮した意見を述べた。とはいうものの、民主党は綱領に「台湾の独立」を掲げている。こうした結果を見る限りにおいて、台湾が自らの意思で中国に併合される可能性は少なくとも近未来においてはないといえる。現段階では台湾が中国からの攻撃の脅威をふりきって「独立宣言」をする可能性も低いが、国際情勢の変化や中国の要求が厳しくなってきた

場合には、独立への感情を抑え切れないシナリオは十分考えられる。果たしてその時、「一切の妥協はない」とするアメリカと中国の2大国は、平和的解決の道を見いだすことができるのだろうか。相当に厳しい局面を迎えることは必至である。

中国－台湾関係の危機は日本にとっても重大な意味を持つ。アメリカの軍事介入は間違いなく沖縄を含む在日米軍基地から行われることになるだろう。日本は日米安全保障条約に基づき、アメリカの活動を全面的に支援することになるだろう。実際に1996年の台湾海峡危機においては、日本は海上・航空自衛隊の航空機を沖縄に展開させて、そこから周辺海域の哨戒活動に従事させ、アメリカ軍への情報提供を行っている。つまり、台湾をめぐる紛争は、中国とアメリカとの紛争に発展し、日本がその中に巻き込まれる可能性は極めて高いということである。

ガイドライン法案に関しての争点は、「周辺事態」をどう定義するかということであった。具体的にいうならば、台湾海峡の危機において日本は関わることができるのかどうかということである。「地理的概念ではない」という主張のものとに、台湾（危機）が「周辺（事態）」に入るかどうかは、曖昧なままに決着を見た。曖昧であるということは、台湾危機は「周辺事態」にみなされ得るということ意味する。さらに明確にいうならば、この法案によって日本は、今後起き得る台湾海峡の危機において紛争の当事者となる可能性が膨らんだのである。

「専守防衛」という極めて曖昧なスローガンは、防衛という概念を国境を越えた「周辺事態」にまで拡大することを容認した。これは見方によっては「防衛」が「介入」に捉えられるものである。つまり何が「防衛」なのかというクリアな線を引くことができなくなってしまうのである。台湾海峡をめぐる問題だけを考えても、日本がいかに危険な道を選択しようとしているのか分かる。この危険な状況からの脱出は、日本の防衛を「防衛的防衛」とすること、つまり非攻撃的防衛の選択であると主張するのである。他国への攻撃性をできるだけ下げて、国境の防衛を基本とするこの考

え方は、日本を紛争へ巻き込む危険性を低めるばかりでなく、紛争が起こる可能性をも減少させると考えられる。それでも起こり得る紛争に関しては、日本は直接的に関与するのではなく、国連を通じての行動などから関与すべきであろう。脅威に対して脅威で対抗することは、軍拡と不信のスパイラルを作り上げることにしかならない。さらに不安材料は増えるだけである。少なくとも日本はこのスパイラルの一部となるべきではないと考える。

（2）南沙諸島

　南シナ海中部に位置する約30の小島と400以上の岩礁・環礁の集まりは、英語名でスルラトリー諸島、中国名で南沙諸島と呼ばれる。この海域は有望な海底油田と豊かな漁場に恵まれている。さらにこの海峡は、戦略上極めて重要なシーレーンであり、いくつもの国が領有権をめぐって対立している。中国をはじめ、台湾、ベトナム、フィリピン、マレーシア、ブルネイが激しく争っているのである。

　実際に1974年と88年には中国軍とベトナム軍との間で軍事衝突が起きている。その後は軍事衝突とまではいかないまでも、緊迫した対立は幾度か起こっている。1992年2月には中国政府は領海法を制定し、同法には中国固有の領土として、同国が統一をめざしている台湾、日本が領有権を主張している尖閣諸島（中国名＝釣魚島）、東南アジア諸国と領有権をめぐって争う南沙諸島など7つの島、諸島名が具体的に書き込まれた。また同年5月には、中国海洋石油総公司は、アメリカのクリストン・エネルギー社と南沙群島西部海域での石油探査をめぐり、契約書に調印した。同年7月には南沙諸島のダラク岩礁（中国名・南薫島）に中国軍が領土標識をたて、ベトナムを刺激するということも起こった。ベトナムだけでなく、マレーシアやフィリピンなど関係諸国もこうした中国の挑発的な態度に激しく抗議する事態に発展し、極めて危険な状況となった。この一連の危機は、同年7月

のＡＳＥＡＮ外相会議で、「南シナ海に関するＡＳＥＡＮ宣言」が採択され、領有権問題を棚上げした上で、海洋研究、資源開発の共同作業を進めるとの合意がなされたことによって当面まぬがれた。

　しかし根本的な解決ができているわけではない。1995年2月にはフィリピンが領有権を主張しているカラヤアン諸島の岩礁の1つに、中国が建造物を建て、周辺に船舶を航行させている事実が判明した。97年4月に入ると、中国とフィリピンは、同じく南シナ海のスカーボロ礁（中国名黄岩島）でも対立を始めた。その後も中国漁船がフィリピン軍にだ補されたり、台湾が南沙諸島の太平洋島にミサイルを搭載した高速艇の基地を新たに建設することを決めたりと、この海域を取り巻く状況はきな臭い。平和的解決を互いに主張しながら、裏では実効支配を進め、実質的に領有してしまおうという各国の思惑がぶつかり合っているのである。このようにアジアには一歩間違えば紛争に発展し得る火種がくすぶっているのである。

　日本は尖閣諸島の問題を中国との間に抱えるが、南沙諸島においては直接のアクターではない。しかし、この地域が日本にとっても重要なシーレーンであることから大きな関心を持たざるを得ないのである。

　日本にとって重要な点は2つある。1つは、この地域が緊迫したときに、日本はアジアのスーパーパワーとして調停役をこなせるほどの政治力を持ち得るかどうかということである。もう1つの大国、中国は当事者であるし、ＡＳＥＡＮも当事国を抱えるわけであり、緩衝的役割は果たせるとしても調停役としての機能は持ち得ないだろう。とするならば、アジアの中では日本だけが調停役としての可能性を持つわけである。日本の侵略の歴史からくる嫌悪感や軍事的にも大国であることに対する不信感を払い去って、信頼されるアジアのリーダーとしてアジアの安定のための役割を演じることができるかどうか。もう1つは、アメリカがこの紛争に絡んできたときに、後方支援という形であっても軍事的に関わりを持つかどうかということである。

　特に2番目の点は、ガイドライン法案とも絡まる重要な点である。ガイド

ライン法案では、周辺事態とは「放置すればわが国に対する直接の武力攻撃に至る恐れのある事態など日本の平和と安全に重要な影響を与える事態」である。この定義からすれば、南沙諸島で紛争が起こった場合にも、日本も後方支援であれ、軍事的に関わる道が開かれていることになる。もし、起こり得る南沙諸島をめぐる紛争にアメリカが絡むなら、おそらく日本は相当にはっきりとした形で軍事的支援をせざるを得ない状況に追い込まれるのではないだろうか。南沙諸島をめぐる問題は、日本からは離れている問題のように思えるが、現状のままでは日本もその紛争に軍事的に巻き込まれる可能性が高いということはしっかりと考えておく必要があるだろう。

　この2つの重要な問題、つまり日本の外交的リーダーシップ力の強化と軍事的に紛争に巻き込まれる事態の防止のためにも、日本が非攻撃的防衛の政策をとることは意味があると思う。軍事的な「防衛範囲」を厳しく設定し、周辺諸国からの信頼を得ることこそ、「周辺事態」の解決のためにも日本が期待されていることではないだろうか。

4　アジアの核拡散

　1998年5月に連続で5発行われたインドの核実験は、私たちを震憾させた。その衝撃にうろたえている間に、パキスタンは同月、6発の核弾頭を爆発させた。ＮＰＴ（核不拡散条約）体制は、もろくもアジアから崩れ去っていった。さらにインドとパキスタンは1999年4月には核弾頭の輸送手段となり得るミサイルの実験も相次いで行い、両国の核は「使える」核兵器となったのである。インドは射程2,000km以上といわれるアグニ2を発射し、パキスタンは射程2,000kmといわれるガウリ2を発射した。共にお互いの国に脅威を与えるに十分な射程距離である。すでに核を保有し、「核クラブ」の「正規メンバー」である中国に続いてアジアには3つの核保有国が生まれ

ことになる。

　確かに現在のＮＰＴ体制やＣＴＢＴ（包括的核実験禁止条約）は核保有国の優位を固定するものであり、インドの主張するように非核国との差別を図る「核のアパルトヘイト」である。核拡散を防止することが、核保有国の優位を確立するという不条理の上に、これまでの核の世界体制は築かれていた。インドとパキスタンの核実験は、いかにこれまで世界が核保有国の核の廃絶に無力であったかということを改めて浮き彫りにさせた。

　しかし、いかに不条理の世界体制であるといっても、核拡散の流れを正当化することはできない。実際にインドとパキスタンの核と中距離ミサイルの獲得は南アジアにおける大きな不安である。インドとパキスタンはカシミール地方の帰属をめぐって長く厳しい争いをしている。現在も、インド側の支配地であるジャム・カシミール州には、治安部隊と軍隊が計60数万人いる。パキスタン側はアザド（自由）カシミールという政府直轄地に20数万人の軍隊が展開、実効支配線（停戦ライン）を挟んでインド軍とにらみ合っている。こうした状況下での両国の核兵器の保有は、「あってはならないシナリオ」に現実味を与える。さらに、もう１つの核保有国である中国も領土争いに加わってくる。カシミールのアクサイチン地区は1962年の中印国境紛争から中国が占領している。つまり、アジアの核保有国である中国、インド、パキスタンの３国が、領土・宗教・イデオロギーをめぐって複雑な国際的対立をしているのである。

　さらに問題なのは、核拡散の波がインドとパキスタンで終わるのかということである。イランは1998年7月に射程1,000km以上とされるシャハブ3弾道ミサイルの発射実験を行っている。イランはドミノの一番手として核保有に走るのではないかという危惧がある。もしこうした事態になれば、他の中東諸国も核保有へと向かうというシナリオは十分に可能性があるといえるのではないだろうか。

　東アジアにおいては、北朝鮮の核疑惑が指摘されている。インドとパキスタンが、その後経済制裁を受けたにせよ、核実験を断行することによっ

て結局、核クラブの仲間入りを果たしたという事実は、北朝鮮に核保有への甘い誘惑を与えたはずである。こうした連鎖が起きたとき現時点では核保有の能力は持ちながらもその意思のない国、例えば韓国や台湾、そして日本も核保有を現実的なオプションとして考えるであろう。

　この核ドミノは、なんとしても止めなければならない。核兵器に満ちたアジアには決して平和な未来はあり得ない。この核拡散の連鎖を防ぐために、そしてさらには核兵器の廃絶への道筋を示すために、日本の担う役割は大きい。しかし、日本がこの役割をきちんと果たせないのは2つの要因があると考えられる。

　まず第1に、日本自体が核保有のオプションを完全に捨て切っていない、少なくともそのように他国からは考えられているということである。これは、日本に大量に蓄積されているプルトニウムの存在による。1996（平成8）年の原子力白書によると、日本が持つプルトニウムの量は、英仏に委託した使用済み核燃料再処理分を含め16トンに達する。核燃料リサイクルの実用化を目指しているという説明がなされてきたが、高速増殖炉は熱を取り出すのに取り扱いの難しいナトリウムを使うことや、プルトニウム自身が核兵器の材料にもなるという「核拡散」への心配などから、米国、英国、ドイツなどが、相次いで撤退している。現在、開発を進めているのは、日本、フランス、ロシアぐらいになった。実際に高速増殖炉の運用は困難を極めているようであり、日本では95年に「もんじゅ」のナトリウム漏れ事故によって、開発計画は宙に浮いたままである。この分野で最先端を走っていたはずのフランスも88年に実証炉スーパー・フェニックスの廃炉を決めており、実用化のめどはまったくたっていないという状況である。このように先の見えないような「夢」物語であるにもかかわらず、プルトニウム路線を捨てないということは、日本が核オプションとしてプルトニウムを保持していると考えられても仕方ない。韓国に行くたびに、韓国の研究者からこのことを厳しく指摘される。

　核兵器はその巨大な破壊力から内在的に攻撃的な兵器である。いかなる

事態においてもこのオプションをとらないという明快なメッセージを送ることは、日本が核廃絶のための主導権を握るために必要なことだと思う。
　もう1つの問題は、アメリカの核の傘の問題である。アメリカの核の傘に入っている日本は核を保有しているようなものであり、他の国の核兵器や核拡散に対して批判をすることはできないという主張が日本に浴びせられてきた。日米安保体制を維持しながら日本の核兵器反対の主張がどれだけ説得力を持つのかということである。私は問われているのは、日本のアメリカの核に対する姿勢なのではないかと思う。つまり日本がアメリカの核兵器に対しても厳しい姿勢を持ち、アメリカの攻撃的・侵略的な核戦略に対しては明快に不支持の態度を示すならば、日本は核兵器廃絶のためのリーダー的役割を担えるのではないだろうか。この場合、日米安保体制は維持できるにしても、相当に質的に変化したものとならざるを得ないだろう。日本が自らの姿勢をはっきりさせず、アメリカ追従の態度をとり続けてきたから、日本はアメリカの攻撃的な核戦略の補佐的役割の国と捉えられてきたのである。アメリカの核に対してもはっきりとノーというならば、これまでとは違った展開が訪れるだろう。そこまでやらなくては、核の呪縛からは解き放たれることはできないだろう。

5　日本の進むべき道

　このように簡単にアジアの状況を分析するだけでも、いかにアジアが紛争の火種に満ち溢れているかということが分かる。冷戦が終わった今もアジアには諸問題が未解決のままで、平和と安全への脅威となっているのである。
　日本は島国で国境が海に囲まれていることは本当に幸せなことであると思う。だからといって、領有権をめぐる争いを持っていないわけではない。

ロシアと北方四島、韓国と竹島（韓国名：独島）、中国と尖閣諸島（中国名：釣魚島）をめぐって現在もなお争いを続けている。このすべてのケースにおいて、少なくとも経済的にこの争いがどの国にとっても割に合うものだろうかという疑問はある。おそらく領土に関した問題は、そうした損得勘定を度外視しても最優先されるべきだと考えるのが「国家」なのであろう。

　日本も「国家」と「国家」の威信をかけた争いの中にあり、国際情勢の変化によっては紛争へ進む可能性を持っているということである。またこの序章においても何度か述べたが、ガイドライン法案によって日本は「周辺事態」に巻き込まれる可能性も大いに高まったことも確かである。

　繁栄への手掛かりをつかみながらも不安定で危険なアジアの中で、日本がとるべき戦略とは一体どのようなものであろうか。私たちは、この本で非攻撃的防衛を日本の防衛政策の現実的なオールターナティブとして提案したい。これまで日本は、日米安保を基盤とした防衛路線とそれらの一切を否定した非武装中立を選択肢として持ってきた。しかし非武装中立は現実的なオールターナティブとなり得ず、それを提案していたはずの（旧）社会党勢力さえ、政権の座の一部を担うと日米安保の軍事路線をとったのである。現実的で、なおかつ平和的な第3の道は残念ながらこれまで提起されてこなかったのではないだろうか。

　日本では軍事的－非軍事的の座標軸がそのまま、軍事主義－平和主義を表すように捉えられてきたが、もう1つの座標軸、攻撃的（挑発的）－非攻撃的（非挑発的）の軸を考える必要がある。非軍事で防衛的な戦略だけでなく、軍事的で防衛的な戦略も組み合わせながら考えていくと第3の道が見えてくるのではないだろうか（図1を参照）。

　「専守防衛」という曖昧な政治的スローガンに代わって、さらに防衛的防衛の路線をとることによって、複雑に絡まったアジアの歴史の糸のもつれをほぐし、日本にとってもアジアにとっても新しい協調の時代が築けるのではないかと期待している。もちろん非攻撃的防衛がすべての状況への

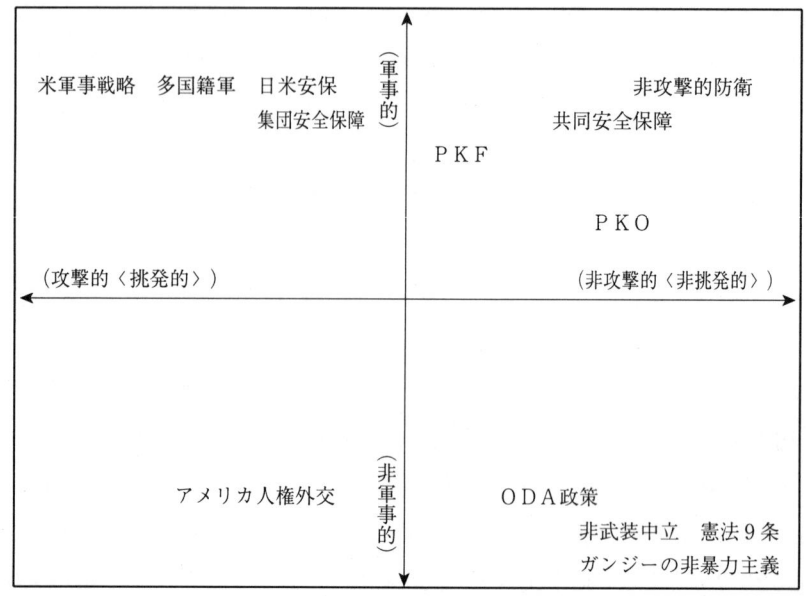

図1　非攻撃的防衛理論の位置関係

万能薬になるわけではないし、また本書が非攻撃的防衛の可能性のすべてを表しているものでないことは当然である。非攻撃的防衛理論の研究そのものも始まって間もないし、特に日本における展開はおそらく本書が最初であると思う。そうした未熟さを踏まえながらも、この理論の潜在的可能性に惹かれ、日本の防衛論議に一石を投じたい。

Bjørn Møller : ビョン・ミョレー

非攻撃的防衛の基本的概念

1　非攻撃的防衛概念の歴史

　非攻撃的防衛（non-offensive defense: NOD）の概念は、冷戦時代の分裂したヨーロッパにて生まれ、当初より窮境から逃れるための方策であるとみなされた。

　ポーランドの銀行家のジャン・ド・ブロックJean de Blochやイギリスの戦略家リデル・ハートLiddel Hart[1]など、多くの者がその概念の先駆的役割を果たした。しかしながら、今日の非攻撃的防衛に関する議論はドイツの歴史と密接な関わりを持ってきた。というのは、たいていの非攻撃的防衛支持者はドイツ人であったし、そうでない者もドイツを想定してきたからだ[2]。なかでも最も強力な理由は、国家統一に向けての願いと、将来の（核）戦争がドイツを破壊してしまうという恐れであった。したがって1950年代の国家統一対再軍備の議論の最中、もし想定された再軍備がソビエトから見て厳密に防衛的であり非脅威的でなければ国家統一は無期限に延期されると、ボギスラフ・フォン・ボーニン大佐Colonel Bogislav von Boninなどによって指摘されていた。

　しかし、社会民主党（SPD）の再軍備の是認と、アデナウアー政権によるNATO参加への計画の結果、その議論は1950年代後半には廃れてしまった。1970年代中旬と1980年代前半に、「中性子爆弾」やINF（中距離核戦力）配備計画に代表される核戦略分野の危険な展開への対抗として、その議論は再浮上した。したがって、非攻撃的防衛は核抑止を不必要なものとするか、少なくともその理論的根拠を「最小の抑止力」にまで削ることができるものとして考えられた。非攻撃的防衛の最も著名な支持者は、ホルスト＝エックハルド・アフェルトHorst and Eckhard Afheldt、ヨヘン・ローザJochen Loser、フランツ・ユーレーヴェッテラFranz Uhle-Wettler、そしてオールターナティブ安全保障政策国際学会（the International Study Group on Alternative Security Policy - SAS、偶然にも筆者は長年その会

員である)である。大きな流れの中で見るならば、徐々にではあるが非攻撃的防衛の考え方は社会民主党、またある程度自由民主党(FDP)によっても認められた。しかし、コール首相のキリスト教民主同盟(CDU)/キリスト教社会同盟(CSU)や防衛大臣のマンフレート・ウェルナー Manfred Worner(後に NATO 事務局長)には受け入れられなかった。

その概念は、ドイツから西ヨーロッパ、特にイギリスにデンマーク、オランダへと広まっていった。イギリスにおいては、「ジャスト防衛」(Just Defence)や「オールタナティブ防衛コミッション」(Alternative Defence Commission)などの学会が「防衛的抑止力」の概念を、労働党や(ある条件付きで)自由党員と社会民主党員からなる連合に受け入れられるよう努力した。デンマークにおいては、社会民主党員、コペンハーゲン大学平和研究所(Copenhagen University Peace Research Institute)の研究者(筆者はそのうちの1人)や、故アンダーシュ・ボーセラップ Anders Boserup によってその概念は推し広められた。オランダにおいては、エグベルト・ボーカー Egbert Boeker、ジョン・グリン John Grin などによって主張され、最後にはキリスト教党と労働党がそれを受け入れた。

アメリカにおいては、ロバート・ジャービス Robert Jervis、ジョージ・クエスタース George Questers などによる学界が、防衛改革に対する関心を数年に及んで示していた。1980年代初期、核兵器非先制攻撃論(マクナマラ McNamara、ケナン Kennan、バンディ Bundy、スミス Smith、Union of Concerned Scientists、Brookings Institution)の結果として、そしてさらには差し迫った通常兵器制限交渉に照らして、防衛改革への関心は強まっていった。よって、非攻撃的防衛はアメリカにおいてほんの少数の支持者しか持たなかったが、「軍縮支持者コミュニティー」によって間接的にまた部分的に支持されるようになった[3]。

当初より、ヨーロッパの中立国(スイス、オーストリア、スウェーデン、フィンランド)は非攻撃的防衛について積極的に議論することなく、非攻撃的防衛的構想や戦略の実例としての消極的な役割を果たすにとどまった。

同じことは日本やインドのようなヨーロッパ圏外の特定の国々についてもいえる。

　しかしながら、非攻撃的防衛を国際的議題に押し上げたのは、ゴルバチョフの「新政治思考」の1つの要素として1986～87年にソビエト連邦が意外にもその概念を受け入れたことによる。それまでは西側の非攻撃的防衛支持者は「間接的アプローチ」を用いて、(大変攻撃的な) ソビエトの軍備を非攻撃的防衛理論にそっていくつかの過程を経ながら改革できればと望むにすぎなかったのである。まず、西側諸国を軍備改革するように説得し、その後で例えば軍縮交渉を通して、ソ連にも同様にするように勧めようとした。折よく、ゴルバチョフの指揮するソ連は非攻撃的防衛概念を受け入れ、特に攻撃的な部分を少なくしようと軍備改革に専心した。しかしながら、その概念の政治的支持者（いわゆる"instituchiki"を含む）と軍事保守主義者との間に激しい議論が展開された。ソ連解体までこの論争は解決しなかったが、1988年ゴルバチョフが国連で発表した一方的軍縮のように、非攻撃的防衛遂行に向けてのいくつかの具体的なステップがとられた[4]。

　このソ連（後にワルシャワ条約機構）による非攻撃的防衛概念の是認は、東西間の議題となった。とりわけ、最後には欧州通常兵器（Conventional Armed Forces in Europe；CFE）会議のテーマ、つまり「奇襲攻撃能力や大規模攻撃能力を縮小する」こと（それは正しく非攻撃的防衛支持者が何年もの間主張してきたものであった）にはっきり示されたように、非攻撃的防衛概念の是認によって、ソ連が通常兵器削減に対する西側のアプローチを受け入れるための道が整えられた。したがって1990年の欧州通常兵器条約は、戦車、装甲車、大砲、戦闘機、ヘリコプターの削減をもたらすもので非攻撃的防衛概念の成功例とみなされた[5]。しかしながら歴史的偶然で、欧州通常兵器の制限を困難にさせてきたワルシャワ条約機構とソ連の解体により、この達成はあまり注目を引かなかったのである。

　たとえ冷戦の終焉以来、西ヨーロッパ非攻撃的防衛に対する関心がかなり衰えてきたにしても、非攻撃的防衛が社会と関連性がなくなってきたわ

けではない。それは、第1に、発祥地における非攻撃的防衛に対する関心は衰退してきたが、第3世界の「最も激しい」危機が起こっている地域を含むその他の地域で非攻撃的防衛に対する関心が高まっている[6]。第2に、非攻撃的防衛によって影響を受けた考え方は、兵器貿易規制や対抗的兵器拡散の議論において中心的な役割を果たしている。

2 非攻撃的防衛の基本的概念

　純粋な軍事的効率の理由により非攻撃的防衛を提唱してきた少数の研究者は例外として、非攻撃的防衛を提唱する主な理由は政治的なものであった。非攻撃的防衛は国家がその国家的関心である「共同安全保障（common security）」の政策を追求することに貢献し、また、もしすべての国家がそのようにすれば国際システムが全体としてより安定し平和になるという仮定にその理由づけの根拠を置いてきた[7]。

　「共同安全保障」は、相手方の正当な安全保障の関心事を考慮することにより、いわゆる「安全保障ジレンマ」を克服する試みを示すキャッチワードである。相手方の不利を条件に安全保障を求めることは、望ましくない結果を生む。なぜならそれは敵対関係の悪化につながり、軍備競争はさらに激しくなり、政治状況は安定を失うのである。例えば、もしある国家が予期される脅威に対抗するために軍事力を増強するならば、相手方はこれを（その意図が何であるにせよ）脅威の増大とみなすであろう。したがって相手方は、再軍備をさらにすることを強いられ、自国の安全保障への不安は逆に高まることになるのだ。軍備競争がエスカレートし、安定を失うことになるのである。

　もし政治的危機において国家が敵の安全保障の懸念を鑑みずに対処するならば、政治的安定性は著しく低下するであろう。このことを考えずに軍

事動員をし、その他の防衛的手段をとるなら、攻撃の準備をしていると勘違いされるかもしれない。そのことは、敵を強く刺激して、予防戦争や先制攻撃を起こさせることにつながる。

したがって、本質的な解釈をするならば、共同安全保障の原則は、敵対する国々の安全保障が全体として考えられるべきだということを意味する。つまり相手方が不利になることを条件とする安全保障を追求すべきではないと考えるのである。この簡単な金言はまた、直ちに非攻撃的防衛概念に反映される防衛政策に適用されなければならない[8]。

非攻撃的防衛は構造的（軍事能力の見地から）か、または機能的（軍事的選択の見地から）に定義される。最も精密な構造的定義はフランク・バーナビー Frank Barnaby とエグベルト・ボーカー Egbert Boeker の定義である。

「軍の規模、兵器、訓練、軍事理論、ドクトリン、作戦用手引、机上作戦演習、大演習、軍事学校での教科書などが、全体として核兵器の使用に頼らなくても確かな防衛力を持つが、攻撃能力を保有しないことを前提として成り立っていること。」[9]

筆者はさらに、より簡潔であるが機能的な定義を提案したい。それは非攻撃的防衛が二者択一のものではなく、程度の問題であること、つまり「非攻撃的防衛らしさ」は連続性のものだということである。

「非攻撃的防衛は、攻撃的軍事のオプションを犠牲にして防衛に重点を置く国家政策のなかに実現される戦略である。」

もし国家が上記の基準に多少なりとも厳密に従うなら、低レベルの軍備競争や危機安定性の問題は解決されるかもしれない。まず第1に、もし国家に攻撃的意思がなければ、防衛的兵器を配備したからといって、必ずしも

敵も同じように兵器を配備することにはつながらない。非攻撃的防衛をとると、攻撃的意志を持たない2つの国家においては、軍事競争が安定し、さらには軍備縮小が可能になる一方で、推論によって将来の侵略者が明らかにされるのである。

　第2に、危機的状況においても防衛的とはっきり分かる手段をとるのであれば、攻撃準備として誤解されることはないから、先制攻撃を招かない。このことによって、先制攻撃と予防戦争の危険が減るだけではなく、計画的な攻撃に対してより効果的に国家が防衛できるようになるのである。防衛策をとることによって、不要な戦争を招くという恐れを抱く必要がないから、防衛への動員を遅らせる理由はなくなる。

　非攻撃的防衛戦略への転換は大変安定した「相互防衛優位」という結果をもたらすだろう。つまり、2つの敵対するいずれの国家の防衛力も、敵国の攻撃力より優れている状況である。このことは「偽似数学」の公式を用いて表すことさえできるかもしれない（AとBは2つの国家であり、OとDは攻撃力〈Offensive Strength〉と防衛力〈Defensive Strength〉をそれぞれ表す）。

$$DA>OB \ \& \ DB>OA$$

　これは、どちら側の防衛能力も、その敵の攻撃能力より優るという状態を表している[10]。しかしながら、こうした状況を抽象的に定義するのは簡単であるが、実際にこれらの要素を具体的に当てはめていくことは難しい。また、同じ公式を多極的状況に対して適用するには、多くの問題がありすぎる。まったく不可能といってもいいくらいである[11]。

　これらの基本的で抽象的な考察は、さっそくいくつかの問題を提起する。

①「攻撃的」と「防衛的」を確実に区別することは可能か。そうであるならば、どのレベルでの分析においてか。

②自国の防衛能力を著しく低下することなく、攻撃力を低下させることは可能か。

③もしそうであるならば、そのような防衛の構想のための普遍的に適用できるガイドラインはあるのか。

④そのガイドラインはそれのみで効力を持つのか。それとも核抑止や同盟安全保障、集団安全保障などの枠組みを必要とするのか。

3 攻撃・防衛の区別

　多くの提案が、どのように攻撃と防衛を区別するかについてなされてきたが、ほとんどのものは欠陥と矛盾の壁に悩まされてきた。その理由は、普遍的妥当性を持つ区別が、理論的思考からというよりは具体例からの一般化によって追求されてきたからかもしれない。また、研究者が間違ったレベルでの分析において答えを見いだそうとしたからかもしれない。

　以下、読者を「より高いレベルで困惑」させるためだけのものになるかもしれないが、この問題に光を投げかけてみよう。そのために、個々の兵器から政治的意図、軍事フォーメーションと全体的姿勢、そして戦略的、作戦的、戦術的計画にわたる連続的なレベルの分析に沿って、攻撃と防衛を区別することの賛否両論を考察する。

　最も一般的な非攻撃的防衛についての誤解は（明らかに少数の非攻撃的防衛支持者がその原因）疑うべくもなく、非攻撃的防衛が「防衛的兵器」に賛成して「攻撃的兵器」を禁止することをもくろむということである。そのような区別は無意味であるだけではなく、国際連盟の悪名高い1932年世界軍縮会議のケースのように有害であるかもしれない。このとき諸国家は、まさに敵国が優位となりそうであった「攻撃的兵器」を禁止する提案によって、目立たないように軍事的優位を追求したのである[13]。

軍事専門家なら誰でも知っているように、防衛と攻撃は両方とも完全に揃った兵器群を必要とする。実に、2つの戦闘形態の重複した部分は相当広範囲に広がるため、「攻撃的（防衛的）兵器」（仮に「攻撃国（防衛国）にのみ役に立つ兵器」と定義する）は実際存在しないのであり、よってあまり重要ではない。例えば、対戦車兵器が攻撃国にとって必要不可欠であると同様に、戦車は防衛国にとっても価値がある。防衛国だけでなく攻撃国にとっても地雷などは役に立つかもしれない。実はむしろ厳密に調べれば、防衛施設（万里の長城あるいはマジノ線）のような見かけ上は防衛的軍備も2通りに使用できることが分かってくる。そのような軍備は、ほかの場合なら防衛義務のために必要な兵力を攻撃に使用することを可能とするので、攻撃を促すこともあり得るのだ。

　このことは、兵器はまったく問題ではないということを意味しているわけではない。与えられた歴史的、地理的状況によって、兵器は攻撃国や防衛国にとってまったく同じように役立つものではない。例えば1945年から今日に至るまでのヨーロッパの状況において、戦車は攻撃国と防衛国の両方にとって役に立つものであるとしても、それは攻撃国にとっては必要不可欠なものであるが、防衛国は対戦車兵器などが不可欠なものとなる[14]。関連して言えることは、軍事隊形（例えば師団）の攻撃能力は「兵器の組み合わせ」によって違ってくるということである。「軽装備」の軽師団は、「重装備」の機甲師団よりも攻撃能力が劣るのは当然であろう。

　しかし、攻撃が成功するためには、防衛戦突破作戦に適した重装備師団だけではなく、残された防衛側の小軍を「掃討」したり、征服した領域を守る歩兵隊を含む軽師団も必要である。同様に防衛国も侵入国を兵力でもって駆逐するために、攻撃国より少数であろうとも（そして恐らく攻撃国より軽装備であろうとも）重装備機甲部隊が必要であるのは自明である。また厳密に防衛国家を目指し、しかし国際義務を真剣に受け止める国家は、例えば国連後援の平和維持活動のための攻撃能力を持つ兵力あるいはその部分をまったく排除することはできない[15]（下記参照）。

したがって攻撃と防衛を確実に区別できるのは、全体的軍勢のレベルにおいてのみであり、例えば主に攻撃的な部門と主に防衛的な部門の間で総軍事力がどのように配分されているかを評価することによって可能なのである。これは、例えば国家軍事力の異なる有効範囲を意味する。防衛国が望むことはただ単に自国の領土を守る程度のものである一方、攻撃国は地域を征服しようとするから、攻撃軍勢の戦略有効範囲は防衛政策の範囲より長くなければならない。しかし、距離は相対的であるから、何が「短距離」あるいは「長距離」とみなされるかは状況により変化する。例えばロシアと中国の間では、長距離機動力が問題となる一方で、「込み合った」中東の国々は敵国の短距離の機動力も警戒しなければならない。また距離は技術と地形の作用である。島国はしたがって海軍（および長距離空軍力）などのみを警戒する必要があるが、スイスのような陸地に囲まれた国は海軍力をあまり警戒する必要はない。

同盟をしている場合には、分析は国家レベルを超えて同盟レベルにまで及ばなければならない。ここでは（より低い分析レベルにおいても同様に）兵器の組み合わせ以外の他の要因が攻撃能力を決定する。中央前線沿いに展開する軍隊は各国から派遣された混合軍であることに加えて、ＮＡＴＯの組織構造によって同盟の攻撃能力は低いが、ワルシャワ条約の構造は攻撃により適しているといえる[16]。

この分析の複雑さによって、攻撃的か防衛的かの簡単な区別は困難になっているとしても、まったく区別ができないというものではない。すべての要素を考慮することはできない。しかし、ある時点のある地域に限定するのであれば、一般的に、精通した専門家の意見は少なくとも基本的な基準（例えば、軍勢の攻撃力を減じるためにどの分野の兵器を減らすべきか選び出すことにおいて）の設定に問題なく合意するだろう。例えば、主戦闘戦車、エアクッション艇（**ACVs**）、大砲、後に戦闘機そしてヘリコプターの削減[17]に重点を置いた欧州通常戦略交渉（**CFE交渉**）に参加している国家間の合意が、他の地域にとっても適当であるとは限らない。

したがって武力の形態が大変重要である一方、究極的に問題となるのは国家がその軍事力で何をするかということである。つまり国家が攻撃的あるいは防衛的な意図を持っているか、あるいは政治的野心を持っているかどうかが重要なのである。近隣諸国が平和的であり防衛指向であると国家が確信している限り、国家は隣国の軍備に対してまったく懸念することはない。例えば、デンマークはスウェーデンの軍事的優位を懸念せず、またカナダはアメリカの軍事的優位を懸念していない。しかしながら、安全保障が問題とならないそのような「安全保障共同体」を除けば、国家は他国家の意図を憂慮しがちである[18]。近隣諸国が「修正主義」、民族統一主義あるいは領土拡張主義者（つまり政治的に攻撃的）であるよりは、共同体的であり現状維持指向（つまり防衛的）である方が国家は安心できる。

当然のことながら、問題は意図は一見して分からず、状況的で入手可能な証拠より推測されなければならないということである。そうした証拠は様々な形で手に入れることができる。例えば軍の態勢は「冷厳な戦略」とみなされ得る。つまり、どのように国家は将来の戦争を戦おうとしているのか、あるいは現在の軍の態勢を選択をした過去のある時点において、どのように国家は将来の戦争を戦おうとしたのかを反映するのである。軍事演習の様式も戦略を反映する。例えば一度も兵力を突破作戦のために訓練しない国家は恐らく将来の戦争において攻撃することを計画していないと見ることができる。もしそのような作戦を軍事演習なしに「戦争の混乱」の中で試みるのであれば、ほぼ確実に失敗するであろう。

最後に、全欧安保協力会議（ＣＳＣＥ）の主催で開かれたウィーン・セミナーの中心的目的のあったように、国家はすすんで軍事ドクトリンや戦争計画を公表することもある[19]。そのような公表には当然、ごまかしが含まれるものである。しかしたとえ、攻撃的意図を持った国家がその意図を隠そうとして最善を尽くしても、もし「部分」が噛み合わなければ、つまり軍の態勢や演習が公言された意図と矛盾しているようならば、その隠れた意図は確実に暴露されるのである。

国家が政治的に防衛的か攻撃的かを明らかにするものの1つは、軍事力の使用を正当化する「重大な国家利益」の定義である。最も防衛的レベルにある野心とは、領土保全と国家主権のためだけに防衛することである。もう少し攻撃的であるのは、海外領土を含むもので、そのための防衛は地球規模での軍事力展開能力（フォークランド・マルヴィナス紛争に例示されるように）を必要とする。同様のことが「在留邦人」の防衛の場合にもいえる。ただこの場合、防衛（あるいは救出）はせいぜい長距離遠征軍を必要とするぐらいであろう。さらに攻撃的なのは、国家が何の法的権利がないにもかかわらず、地球規模での相当広範囲な展開能力を必要とする、海外の「経済的利益」（石油のような）を防衛しようとすることである。同程度に攻撃的なのは、他の主権国家まで延びた「緩衝地帯」を含むいわゆる「拡大境界領域防衛」である。当然最も攻撃的なのは、ナチの第3帝国やイラクのような領土拡張の野心を持ったものである。

　政治的意図の位置付けるもう1つの指標は、時間的経緯によるものである。つまり、軍事行動に組み込まれたタイミングによるものであり、それによって私たちは、戦略さらには「包括的戦略」のレベルに注意を向けることとなる[20]。自衛をするより計画的な襲撃を行った方がより攻撃的だというのは自明であるが、この両極端にある中間の段階を考えることは意味がある。たとえ元々の動機が防衛的であるとしても、予防戦争（勢力バランスが不利になるのを恐れるがために行う戦争）は明らかに攻撃的である。また、先制攻撃によって防衛計画通りに（つまり実際に攻撃される前に）自衛するのは、すでに起こった攻撃に単に対応するより攻撃的である。ＮＡＴＯの「前衛」のように国境沿いで積極的で即座に行う防衛はもちろんまったく防衛的である。しかし、非攻撃的防衛論者に提言されるように、その状態からさらに防衛の方向へ進めることが可能だということも確認しておきたい。攻撃国の連続した攻撃にその都度応じる「反応的防衛」を選択することにより、攻撃国が垂直的および水平的に戦火が拡大したことの責任をすべて負うことになるのである。

「純粋的防衛」、つまり戦術上攻撃的軍事行動を放棄することは、ほとんど定義上、矛盾しているようなもので、実戦的ではない。しかし、これは非攻撃的防衛論者が提言しているものではまったくない。それどころか、多くの交戦を始めるという戦術的な意味で、非攻撃的防衛戦略とそれに従った軍の態勢は防衛国をより攻撃的に戦わせることもある。守りの特性を最大限利用して、十分に防備した防衛側は「潜伏」対「発見」の争いに優位に立つことができるからである。また、攻撃側は移動をやめることはできず、見晴らしのよい場所を横切らなければならないことも防衛側が優位に立って攻撃できる理由の1つである[21]。

　したがって、防衛性は戦術より高い分析レベルに置かれなければならない。それは大概において対攻撃軍事行動のタイミングとスケールの問題である[22]。ここで、攻撃的な野心のレベルと防衛的なそれとを区別する大変明確な境界線が定義できるだろう。非攻撃的防衛タイプの防衛は、強制的に侵略者を駆逐し（前衛が突破されたことを前提とする）、侵略以前の状態を回復する能力を必要とする。しかし、たとえ国境を交えての「猛烈な追撃」を完全に除外することはないとしても、厳密な意味での防衛力は、無条件降伏を強要するために侵略者をその領土まで追撃する能力を必要としない。

　戦略目的としての「処罰」は防衛的ではなく、また報復以外何の目的も果たさないので、大規模な（「戦略的」）反撃は排除されなければならない。どのような「処罰」が必要とされるのかは、国際法に則り国際的機関によって処理されなければならず、大概においてそれは補償という形で行われるべきである[23]。非攻撃的防衛論者の中には「反撃的侵略」（「条件的攻撃優位性」という言葉で言い表せられる）[24]という概念をみだりに唱える者がいるが、これは不当であり非攻撃的防衛とまったく矛盾する。中でも、「反撃」"counter"という言葉は分かりにくく、したがって要求される能力は純粋な攻撃的軍事行動と区別できないからである。

4 防衛力

　これまで、攻撃的な戦略や軍勢と防衛的なものとの間に意味のある区別を確立してきたつもりだが、防衛能力を損なうことなくこの2つを実際に分離することができるのかどうかという問題がまだ残っている。危機や軍備競争の安定のために攻撃能力を放棄することが、必然的に防衛力を犠牲にするであろうか。もしそうならば、非攻撃的防衛を政策指針としてとるべきではないという警告を諸国家は受けることになる。

　幸いにも一般に（中には例外もあるが）、攻撃能力を縮小させながら防衛を強化することは実際に可能である。なぜなら、クラウゼヴィッツClausewitzがすでに指摘したように、防衛型の戦闘は本来最も強力であるからだ[25]。しかしそれはただ本来的にそうであって、実際に防衛を強力にするには手腕と専門知識が必要である。それが非攻撃的防衛のすべてといって過言ではない。

① 「純粋」な防衛国が必要としない、あるいは少なくともそれほど必要としない軍事能力がある。それを放棄することは（中・長期的に見て）経費節減をつくりだし、その節減は防衛力を強化するために用いられる。そうした不必要な軍事能力とは、長距離機動力（後方支援も含む）、敵の攻撃下での機動力（機甲部隊、機動防空等）、そして長距離攻撃力（C^3Iシステムなど）である。このような能力は最もコストがかかり、その節約分によって多くの防衛力（例えば対戦車兵器、地雷など）[26]を購入することができる。

② 「地元の利」のため、戦力を増大させるものを防衛国は無条件に多く使うことができるが、攻撃国にとってはそうではない。例えば、国内の通信や補給ライン、広範に散らばる補給所を設置する選択、様々な種類の防御施設、防壁をつくったり、さらには地形まで変形させる選択などが

あげられる⁽²⁷⁾。
③突破作戦に対して、準備のできた防衛国は大雑把にいって、勝利するために攻撃国の力の3分の1を必要とするだけである。有名な「3対1ルール」である。この評価（控え目すぎるとさえいえるかもしれないが）の妥当性についてはあまり意見の相違はないが、しかしその適用については相当な論争がある。このルールは個々の戦闘において当てはまるのであって、戦争や紛争の全体に対して、あるいは予期しなかった要素が情勢に影響を与える戦闘には当てはまらない⁽²⁸⁾。
④防衛国はその兵力を攻撃国よりも広範囲に散開させることができ、それによって集中攻撃に対して強くなる。「無標的の原則」はほとんどの非攻撃的防衛提案の中心である。
⑤指揮系統はある程度、分権的になる。したがって、攻撃国が往々にして頼っている極めて中央集権的な指揮系統より強靭である⁽²⁹⁾。
⑥防衛国はどこで戦うのかを正確に知っているので、攻撃国より実戦的な状況のもとで訓練することができる。
⑦精神的（「倫理的」）優位を無視することはできない。防衛国は国民の（倫理上、物質上の両面において）支持を得ることができる。多くの国々で、こうした支持は市民防衛隊の形をとることがある。市民防衛隊は動員できる人員数を大幅に増加させることになる⁽³⁰⁾。しかしながら、国民の武装化はどのような状況にあっても勧めることはできない。ユーゴスラビアに例証されるように、国内紛争の国々においてはなおさらそうである⁽³¹⁾。
⑧技術的万能薬（例えば超防衛兵器）というものはないが、現代兵器技術の発展によって、防衛国の方がはるかに優位になってきていることは確かである。例えば、マイクロ・エレクトロニクスの目覚ましい発展によって兵器の小型化が可能となった。それは攻撃側にとってもいくぶんは利となったが、それ以上に防衛目的の巨大な砲台を不必要にさせるなどの点から防衛側に利をもたらしている。戦車や大規模陸上戦闘部隊が時代遅れという

のは現時点では確かに早すぎるが、費用／効果の観点から、来る数十年の間に本当に時代遅れになってしまうかもしれない[32]。

5　モデルの範囲

　非攻撃的防衛が効果を発揮するかどうかは、政策実行のために選択された特別なモデル（あるいはモデルの組み合わせ）次第である。種々の非攻撃的防衛モデルが同程度に防衛的であるわけではないように、また同程度に効果的であるわけではない[33]。そして、非攻撃的防衛モデルの適合性はコンテクスト次第である。

　非攻撃的防衛モデルの多様性は計り知れないが、3つの祖型に分類され得る。具体的な計画案のほとんどはこの派生あるいは混合である。

①領土を包囲する防衛。ホルスト・アフェルト Horst Afheldt[34]の独創的な案、または（あまり純粋型ではないがより効果的な）ＳＡＳ（オールターナティブ安全保障政策国際学会）の「蜘蛛と蜘蛛の巣」("spider and web")モデルに沿ったモデルである。後者は固定され地域を包囲する防衛の網（「蜘蛛の巣」）と、戦車やその他の機甲車などの機動兵力（「蜘蛛」）の組み合わせを想定する。機動兵力はそれ自体は攻撃行動に適しているが、蜘蛛の巣の範囲を事実上越えることなく、その範囲内でのみ機能するように、固定された「蜘蛛の巣」に統合されなければならない[35]。

②「限定された地域での防衛」または「要塞防衛」。特に面積に対する兵力の比率が低く、長い国境線を持つ中東などの地域のために、ＳＡＳグループの会員によって提案された[36]。これは国家の防衛を、政治的に重要な地域（典型的には首都や他の大規模人口集中地域）や一貫した防衛が可能な地域へ集中させることを意味する。要塞の部隊による援護射撃は

少なくとも攻撃をそらし、それによって機動兵力にとって戦いやすい状況がつくりだされるのである。

③厳密に防衛的な前衛防衛。例えば、ノルベルト・ハニッグ Norbert Hannig (37) に提案された「射撃による防壁」や国境沿いの防衛施設や固定された障害物による防衛モデルである。これはハイテクによる自動化された砲撃に大いに依存することになるので、資本集約型の防衛となりやすい。このモデルによれば、敵の領土へのミサイルの発砲も許されるが、機動地上兵力がないので、それでも非攻撃的であるといえる。

この他に、モデルというよりはアプローチと呼んだ方がよいものがある。それは、(抽象的な見地からでさえ)兵力の実際の配置あるいは展開については述べておらず、本来備わっている相乗作用についてのみ述べているからである。

④「リンクの遮断アプローチ」。これは、長距離・機動的航空防衛力、機動的対戦車防衛、または渡河用装備などのいくつかの部門を計画的に削減することによって、危険をはらんで防衛力を低下させることなく、攻撃的軍勢を厳密に防衛的にすることができるという考えに基づくものである (38)。

いままで見てきた3つのモデルと1つのアプローチはそれぞれ長所と短所を持っており、したがってそれらのモデルの要素を組み合わせることによって、より効果的なものが出来上がるという魅力がある。ヨーロッパにおいて注目を集め、多くの第3世界の紛争地域(例えば中東やインドシナ、インドとパキスタン)にもまた直接当てはまるのは次のようなものである。

⑤撤退アプローチ。厳密に防衛的装備による前衛防衛を敷くと同時に、他種の兵力(一般的には最も攻撃能力のあるもの)を国境地帯より後方の

位置へ撤退させる。典型的には、国境地域を対戦車兵器で武装した歩兵隊によって守り、戦車不可侵地帯をつくることを意味する[39]。

この撤退アプローチの魅力は奇襲攻撃のオプションをなくし、相互信頼を築きあげることにある。不可侵地帯へ禁止された兵器と兵力を展開させると、相手側は迫ってくる攻撃の危険に対して警戒態勢をとり、戦闘に対して動員して備えることになるので、不可侵地帯は早期警戒装置としての役目を果たすのである。このロジックによって次のアプローチも成り立ち得るのである。

⑥縮小アプローチ。軍事力の総体的レベルを下げることである。兵力を予備軍システムへ編入することなどにより縮小するか、兵器より弾薬を抜くことなどにより奇襲攻撃を不可能とする。

しかし、撤退アプローチや縮小アプローチより生じる利点は、危機時に起こる有害な相互作用の危険と併せて考慮されなければならない。もし前線より撤退した兵力が最も強大な攻撃力を備えているならば（ほとんどの場合においてそうなのだが）、緊張した政治的危機の下ではたとえ防衛目的のためにでも、兵力をその地帯に再配備することは、攻撃のための準備として誤解されやすい。分かりにくいかもしれないが、はっきりと防衛用と分かるような兵力は平時に後方に置いておき、危機時に前線に持ち出すことが可能な一方で、危機時の安定性を保つためには攻撃能力を有する兵力は、想定された戦闘位置の近くに平時にも配置し準備させることが必要なのである。

表1は、「兵器の種類」の見地から、攻撃性―非攻撃性をまとめたものである。

筆者の非攻撃的防衛に関する議論の経験によると、注意点は次の点に整理される。上記のモデルのほとんどは特定のコンテクスト（冷戦時の西ド

イツ）用に構想されたか、あるいは大変抽象的なままである。もし単にそれらのモデルを非常に異なった状況に適用しようとするならば（非攻撃的防衛理論家によってよくなされてきたのだが）、不合理な結果をもたらすはずである。すべての抽象的防衛モデルのように、非攻撃的防衛モデルは政治軍事的な指針としかみなされない実際の防衛計画と混同されるべきはない。モデリングは「机上の戦術家」のための仕事であるが、実際の防衛計画を作るのは政治的なコントロールにおける実務担当、つまり参謀グループの特権である。

表1　非攻撃的防衛とこれまでの地上兵力との比較

攻撃的	中間	非攻撃的
戦域核兵器	ＭＢＴｓ	トラック、モータサイクル
短距離核兵器	ＩＦＶｓ、ＡＰＣｓ	対戦車兵器（大砲、ライフル、手榴弾など）
戦場核兵器	戦闘ヘリコプター	防空兵器（大砲、携帯用ＳＡＭｓなど）
化学兵器	大口径自動発射砲	障害形成手段（対戦車地雷など）

6　多面的非攻撃的防衛

　攻撃力のある地上兵力を所有するということは、真の防衛力の必要条件であるので、地上兵力の問題は必然的に非攻撃的防衛の中心をなす。敵の領土を侵略し占領する力を持たなければ、どの国家も通常の意味で戦争に勝つことはできない。国家が最終的な勝利をするには（恐らく空路や海路によって運ばれる）地上兵力が不可欠であり、海軍や空軍だけで勝利を達成することはできない。もし国家（または同盟）が（領土を占領する）攻撃能力を有する地上兵力をまったく持たないなら、海軍や空軍の能力は非攻撃的防衛の基準からすればあまり意味を持たないものになる。
　このロジックによって、非攻撃的防衛支持者の中には「補助的」軍力に対して大変緩やかな態度をとるものもいる。例えば飛行機やミサイルによ

る「深部への攻撃」の計画または「制海権」を握る計画がどんなに野心的、侵略的に実施されようとも、本当の問題がそこにあることを否定するものもいる。しかしながらこの議論は、単純に割り切りすぎであり、また不完全なロジックを基としている。実際には、すべての軍事行動は「戦闘行動のコンビネーション」なのである。1つ1つを別々に見るなら、地上兵力は本来の攻撃ポテンシャルを持つ一方、海軍と空軍はいずれも攻撃的になり得ないことが事実であるにせよ、後者が攻撃面において重要でないというわけではない。3つの軍事「部門」の相乗作用によって、総合的な攻撃能力はそれら1つ1つの攻撃力の総和より大きくなるのである。

したがって少なくとも地上兵力の防衛能力に貢献するという点において、空・海軍をも考慮に入れなければならないのである。さらに、空軍と海軍による軍事行動はたとえ前線より遠く離れて行われたとしても、間接的に地上での戦闘に影響を及ぼす。よって海軍と空軍は両方（さらにはより広く、航海と航空環境）とも考慮されなければならず、これらの「領域」で行動する兵力は少なくとも地上兵力のための非攻撃的防衛の必要条件と矛盾してはならず、支持的であることが望ましい[40]。このことについてのいくつかの提案は次の章で行うこととする。

7 核兵器と集団安全保障

上記のすべては通常兵力にのみ当てはまる。では核兵器がどういう意味を持つのかという質問を提起してみよう。非攻撃的防衛論者の中には、彼らの提案は「核抑止にとって代わるもの」であると主張する者もいるが、（筆者も含めて）非攻撃的防衛は、絶対になくならない普遍的に「存在する」核抑止の状況を最大限利用するものであると論じる者もいる。核の「魔神」は壷の外に出てしまっており、核兵器製造の知識は誰にでも手に入るので、

再び確実に壺の中に戻すのは不可能である。また、これまで（例えばイラクや北朝鮮）の国際原子力機関（IAEA）の管理の状況を見る限りにおいては、将来、秘密裏に行われる核兵器計画を確実に探知できるという保証がないことは分かっている[41]。

したがってほとんどの国家は、敵が「敗北の爪より相互壊滅を奪い取るため」や外部の大国に核兵器力を使わせるためにいくらかの核兵器を持つことを考慮しなければならない。これが示唆することは、戦争はもはや「クラウゼウィッツ時代」の「絶対戦争」と同じような意味において勝つことはできないということである。これからの戦争は、核兵器の「影」のうちに、つまり「潜在的核兵器環境」のうちに戦われる限定戦争と名付けられる[42]。

核抑止はすなわち「事実」であり、その「事実」を見て、国々は核軍縮は実際に不可能であるという結論を出してきた。しかしこれは不合理な結論である。なぜなら、核抑止の事実が変わらないことから、国家はドクトリンや核抑止の具体化に関して相当な選択の幅があるからである。先制攻撃をしない政策と合致する「最低限の核抑止」が、「存在する核抑止」のため唯一の必要条件だと主張する者もいる。さらに進めて、兵器なしの「青写真抑止」、つまり実際の配備や保有はせずに核兵器の潜在的製造の可能性に根拠を置く核抑止で十分であると主張する筆者のような論者もいる[43]。どちらを選ぶかは恐らくどう将来を推測するかによる。なぜなら、どちらがよいというのはまだ歴史上試されていないからである。

それはとにかく、最低限であろうと、「青写真」であろうと、核抑止は軍事用つまり戦闘用の核兵器を必要としない。そのような意味において通常兵器が「唯一」の兵力とみなされるべきである。何であれ、小国の通常兵力を支えるために必要なものは、大国と対比した場合と別の方法、例えば同盟や集団安全保障協定の形によって、まかなわれなければならない。

同盟は他のどこかの国、つまり敵に対して（正当な理由のもとに）形成されることが多い。それは不必要なものであることもある。さらには、そ

れはまったく違った未発達のもの、つまり集団安全保障協定であることもある[44]。敵に対抗する同盟自体は問題ではない。しかし同盟によって、問題がさらに困難なレベルに移行する傾向がある。共同戦線は反共同戦線を生むからだ。安全保障ジレンマのように悪影響のある相互作用が国家間で起こる代わりに、同じ相互作用が同じリスクとコストを伴って、今度は同盟間で起こるのである。同盟の形成は各々の国家にとってみれば短期的解決法ではあるかもしれない。しかし長期的視点から見れば、国際システムにとってもその地域サブシステムにとっても、解決法にはなり得ない。

　非敵対同盟が危険な外的脅威がないにもかかわらず形成された場合、それはまったく余分なものといわざるを得ない。だからといって、そのような同盟は一度発足し制度化されるなら自動消滅はしないであろう。同盟関係は、次のような選択に迫られる。つまり、別の適当な脅威を探し出し、それに対して同盟国が団結して尽力していく。あるいは大きな変革を経験し、同盟から集団安全保障に移行する。後者は旧来の敵国を編入するのが好ましく、地域内だけの安全保障体制であればその地域の構成国すべてを包含するのが理想である[45]。

　同盟と集団安全保障には、国家防衛やさらには非攻撃的防衛の基準で許容されているものより長距離な長距離兵力が必要とされる。そうした真に戦略的な機動性なしでは、同盟や集団安全保障を成立させている相互援助のコミットメントを実行することは不可能であり、よって信頼できないものとなる。さらに、侵略国によってすでに占領された領土を解放するために相当な攻撃能力を必要とする国もある。特に侵略国は「攻撃国より一転して防衛国」の立場上、すでに言及した防衛側の有利な点をいくつか（しかしすべてではないが）利用することができる。しかし本当の防衛国は攻撃的につまり不利な条件で戦わなくてはならない。

　これは本当のジレンマを提示するが、幸いなことに解決法がある。前述の共同行為についていえることは、個々の兵力構成部分ではなくて、大規模な兵力の「集結」だけが「攻撃的」になるということである。したがっ

て攻撃力を持つ機動兵力は、多国家間の統合によって国家レベルにおいては攻撃的とはみなされなくなり得るのである。つまり個々の国家は保有する機動兵力のいくらかを、合同任務部隊に参加させる。よって合同任務部隊には必要な攻撃能力が供給されるが、参与している国々は一国家としては非攻撃的のままであり得るのである[46]。

8 対抗手段

　（代替的防衛態勢を計画することも含めて）どのような「戦略的ゲーム」も2つの主体の間での争いであり、それぞれがお互いを出し抜こうとするのである。したがって、非攻撃的戦略や軍態勢に移行しようとする国の敵国は、様々なタイプの対抗手段をさぐるであろうということが予想される[47]。次に述べるのは、そのような考えられる非攻撃的防衛への対抗手段を余すところなく述べているわけではない。ただいくつかの例を様々な対抗手段の分野、つまり「総括的戦略」、戦略、作戦、戦術、そして技術の分野から、その妥当性を評価しながらあげてみた。

　まず最初に、攻撃国は恐らく「サラミ（漸次的）戦略」を選択する可能性がある。つまり小規模攻撃に乗り出すのだが、それはただ単に領土の小さな一部分を占領することのみを目的とする。その後、平和協定を自国に有利な条件で結び、現状を自国の有利なように塗り変えるであろう。また後に同じような行動が繰り返し、それによってゆっくりと少しずつ領土を拡張していく可能性がある。原則的には、これに対する軍事的対抗手段はない。それは、目指す領土が小さいだけに、十分な兵力をこの仕事に充てるだけで必ずといっていいほど領土を獲得することができるからである。しかしながら、それぞれの侵略の非軍事コストは（種々の制裁処置、敵軍同盟の形成などの観点からして）、疑いもなく戦利品の本質的価値より大き

くなる。そしてそのような戦略をとると、隣国が、根底にある漸次的計画を理解せず、そしてそれに応じて対応しないのではないかという妄想に陥る傾向がある。しかし、実際には、国々はそうした拡大主義の国に対して力を合わせて対抗する傾向があり、そうした国の味方にはつかないものである[48]。

　第2に、攻撃国は、実際の核戦争によって防衛国を打ち負かそうとはせず、むしろ心理的攻撃の脅威（例えば、いわゆる「核による恐喝」）によって敵を降伏させようとする手段をとるかもしれない。そのような威嚇の力は恐らく、「見せしめ的」なテロ爆撃や同様な攻撃で一般市民を苦しめることによって増強される。しかしながら、歴史を学ぶならば、こうした威圧的手段は無惨にも失敗するということが分かっているという適切な反駁をすることができる。この戦略が成功した場合はたいてい防衛国側の軍事的というよりは政治的失敗によったのである。もし選択肢を選ぶとするならば、軍事的に対抗手段をとる方向性でなく、「早まった降伏」をしないという方向性で考えるべきなのである[49]。

　戦略的対抗手段の観点から見ると、攻撃国は前方防衛に直面する場合、防衛側を攻撃し、前線を突破することを念頭にして戦闘の場所を決定し、兵力をある場所に集中することができるという侵略側としての利を得るのである。さらに、防衛国が政策を非攻撃的防衛に転換すると、敵の部隊が兵力を集中するのを促すであろうと推察する者もいるであろう。なぜなら非攻撃的防衛は先制攻撃をしない政策をとり、また戦場核兵器を持たないからである。確かに、戦場核兵器を保持する理由の1つは、攻撃国に「核に怯えた行動」をとらせること、つまり核の攻撃を恐れて兵力を集結しないようにさせることであった。

　防衛国の軍態勢がどのようであろうと、たいていの場合には攻撃国が部隊を集結させるには地理上の制約によって限度がある。さらには、防衛国は戦場の防御施設やすぐに設置することができる種々の障害物などによって攻撃をそらすこともできる。また（長期的手段としてのみ有効であるが）

防衛国は、植林・運河を掘ることなどによって地形を変えることさえできるのである。これは自然環境のためにもなり得るのである。また、いわゆる「T交差」現象はそのような交戦において防衛国を利する傾向がある。なぜならごく簡単な計算をするだけで、攻撃国はすべての攻撃力を前方防衛の狭い域に向けるべきではないと分かるからである。最後に、(ほとんどの非攻撃的防衛モデルにおいて)防衛は領土全体に深くまた広くいきわたっているので、防衛線突破の重要性はそれほどないのである。なぜならば攻撃側は領土を「掃討」するために兵力を領土に広くいきわたらすことができなければ、実際に益を得ることができないからである。

　作戦上、攻撃国は狭い軸線上に攻撃を集中する。それは大規模に防衛前線を突破するためもあるが、後の段階では例えば空港や港などの奪取目標のための戦闘が中心とみなされる場合もそうである。しかし、そのような攻撃の価値は、前述の「無目標の原則」の結果、あまりなくなるであろう。その原則によると、防衛国はその軍事的「卵」をなるべく多くの「入れ物」に入れる、つまり軍備を1か所に集中するよりは、非常に多数の場所に分配するのである。このことにより、敵が1か所に集中して攻撃することはあまり有益ではなくなる。それにもかかわらず、防衛国はこれらの軸線に対して兵力を集結させるある程度の能力が必要であり、それははっきりと攻撃能力と区別できるのが望ましい。最も「純粋主義の」非攻撃的防衛論者は、物理的(砲台)機動性を持たせないで、(例えば広く分散して配置された発射装置から発射されたミサイルなどによって)防衛を、砲火を集中させることに頼ることを提案している。これは確かに重要な要素ではあるが、十分に地域をカバーするという必要条件を恐らく満たせないであろう。また、ハイテクの対抗手段には弱いであろうし、それは費用がかかりすぎるかもしれない。だからこそほとんどの提案、とりわけSASモデルは、機動兵力を蜘蛛の巣の必要不可欠な補足物であるとみる。これらの機動する「蜘蛛」によって、攻撃にさらされた蜘蛛の巣の部分をすばやく補強することができる。それは火器力を増強するという意味においても、また撤退など

のための機動性を強化するという意味においても当てはまる。

　侵略国がとることができるもう1つの「作戦上の」対抗手段は、非武装都市を安全な基地として用いることである。すなわち、(ほとんどの非攻撃的防衛モデルにおいて考えられているように) 防衛国が意図的に武装による都市防衛を放棄していることにつけこむのである。どの程度までこれが防衛国にとって深刻な問題となるかは、議論の余地のあるところである。一方で、都市化は広範囲で起こっている。それはヨーロッパだけではなく第3世界の至る所で起こっており、特に「ドーナツ化現象」や「スラム街」をも考慮に含めるならますますその傾向は強いといえる。国全体を「不注意に非武装化する」ことなく「非武装都市」を可能にする防御を維持するために、「都市」とその他の町とは区別されなければならない。あまり厳密ではないが人口密度などで区別できるであろう。これはまったく当事国による具体的な基準の問題であり、抽象的な基準の問題ではない。このようにして都市間の相当な距離の「戦闘ゾーン」は維持されるべきである。それによって都市に「もぐっている」侵略国はただ乗りの利を得ることができず、すぐに食料補充や移動などの問題に悩まされることになる[50]。さらに助言されるべきことは、都市地区の軍事レジスタンスに代わる種々の形の市民防衛を危機に備えて計画することである。これにより都市を奪取することは侵略国にとってますます難しくなる。ストライキなどの市民防衛を準備することによって、侵略国は都市を動員基地として用いることは困難になる。また行政機構で市民不服従の練習をしておけば、侵略国は行政からのサービスをも否定される[51]。

　侵略国は、戦術的に、非攻撃的防衛タイプの防衛に特に効力のある様々なタイプの特別な兵力に頼ってくるかもしれない。これらの兵力は前衛線を突破したり防衛要塞を包囲するには役に立つかもしれないが、地域全体をカバーする領土防衛網に対しては有用性が限られてくる。後者に対して侵略国は、防衛部隊を1つ1つ見つけ出し「掃討」するよう訓練され装備を施されている歩兵隊を展開するかもしれない。しかしこのタイプの脅威の

ために防衛側が特別な対抗手段をとることはないように思われる。というのは、それはまさに防衛側が戦略・作戦のレベルで達成したいことと一致するからである。つまり素早い軍事行動から時間のかかる軍事行動へ、そして大きな打撃力を持つ重装備兵力から制止力のみの軽装備兵力へなどの重点の移動がそれである。しかしまだ、防衛国の領土に最優先に防衛されるべきものが存在することはおおいにあり得る。しかしながら、このためには国防市民軍、すなわちＳＡＳモデルにあるようなもの（またデンマークなど多くの国に配備されているようなもの）で十分である。というのは特に国防市民軍は（蜘蛛の巣と同程度に）「蜘蛛」による増援を求めることができるからである。

　最後に、侵略国は弾幕射撃あるいは空爆（化学兵器を用いてでさえも）をレジスタンスの「孤立地帯」に対して用いるかもしれない。しかしながら、「蜘蛛の巣」のように張りめぐらされた兵力は、自然を利用したり人工的に掘ったりして防空壕を用いる能力を持っており、少なくとも彼らはその防空壕によって守られるだろう。動き回るようには彼らは訓練されておらず、彼らの大部分は駐屯しており敵の砲撃下で動き回ることはしないという事実は、彼らをさらに安全に保護する結果となる。最後に、防衛国の武装兵力が広く散らばって配置されているので、侵略国が効果のある弾幕を張るために必要とされるものは（弾薬と射撃回数の見地から）大変高くつく。恐らく手が届かないほどであり、長期にわたってそのような攻撃を持続するのはまず不可能である。

　技術力な見地からして、将来侵略国となり得る国は、防衛国の武器の1つ1つに対する対抗手段を多く開発するかもしれない。ＡＴＭＧｓや対戦車地雷に対する対抗手段としては、より厚くより精巧な装甲用鋼鉄板を採用したり、あるいは戦車の外形を変えること（究極的には恐らく「ステルス戦車」となるであろう）などがあるだろう。敵は、防衛国の地対空ミサイル（**SAMs**）や対空砲火を偽装手段を使ってそらそうとするだろう。敵は防衛側の兵器のセンサーを「だます」よう設計されたレーダー撹乱装置を航空

機やヘリコプターに搭載したり、「ステルス技術」を用いるのである。さらには対電磁波ミサイルが、防衛国の地対空ミサイル（**SAMs**）などの中枢部分を占めているかまたは連動しているレーダーシステムに対して、発射される可能性もある。

　大変大雑把な言い方をすれば、どのような兵器に対しても技術的対抗手段がある。しかしどのような対抗手段も、技術的「対」対抗手段によって同様にかわさられ得るものであり、この過程は果てしなく続くのである。その結果、継続的な「対話」が両サイドの間で繰り広げられるだろう。その「対話」の中ではコスト対効果の差が究極的な調停要因となる。対抗手段が本当に価値あるものとなるためには、「明確に費用効果的」でなければならない。つまりすべての段階において、新たに対抗手段を備えることによって同じ戦闘能力を維持することが、その対抗手段をかわすことほど費用がかかってはならないということである。このことは究極的には技術というよりは構造上の問題である。一般的なルールとしていえることは、(最後まで「負けない」という意味で) 勝利するようになる側は、その作戦上の任務のために必要とするものが最も少ない側となる。つまりそれは必然的に防衛側なのである。

9　実施方法

　国家が非攻撃的防衛（同盟や集団安全保障と共に）は目指す価値のある目標だとの結論に達した場合、いくつかの可能な実施方法の選択に迫られるであろう。原則的には、3つの異なった実施方法があろう。大きな戦争の後に時々見られる「強制的防衛改革」というものはここには含まない[52]。この3つの方法とは、協議による軍備管理、まったくの一方的方法、「非公式の軍備管理」と呼ばれるものである。

非攻撃的防衛論者は伝統的に（控えめに言っても）懐疑的な目で、協議による軍備管理を見てきた。それは、とりわけ不当に「均衡」を強調することなど、このアプローチには固有の落とし穴が多くあるからである[53]。2極間の環境でさえ均衡を定義することは難しい。とりわけその原因としてあげられるのは、異なったタイプの兵力と武器を同一単位で計ることができないこと、そして西側と東側の兵力が非対称的構造を持つこと、兵器の質、軍隊の志気、同盟国の信頼性のような数量化できない要因も明らかに重要であるということなどである。最悪の場合を分析し、また「ダブル・スタンダード（二重基準）」を持つ傾向があるため、均衡は定義する（define）より見分ける（recognize）方がさらに難しい。国家は例えば、自国の常備兵力を敵の動員潜在力と比較する傾向がある。最後になるが、たとえ均衡が定義でき、また見分けることができたとしても、均衡状態は関係国にとって、小さすぎまた大きすぎるのである。小さすぎるという理由は、両国が同等の兵力を保有する場合においても、奇襲攻撃は防衛を圧倒する可能性があるからである。大きすぎるという理由は、用意周到な防衛国は防衛側に固有の優位性のために、同等の兵力以下で攻撃国とやり合えるからである。それは「3対1ルール」と簡潔に称される（上記参照）。軍備管理の展望に関する理論的に意味のあるこの懐疑論は、1987年頃まで、東西間の軍備制限交渉があまり成果を得なかったために、経験的にも支持されていたようである[54]。それゆえに2つ目の選択肢が注目を集めるようになった。

　一方的方法論はかなりの非攻撃的防衛論者によって支持されてきた。彼らは、非攻撃的防衛戦略が最も効果的であるという理由から、国家はあれこれ言わず非攻撃的防衛戦略を採用するよう勧めてきた。さらには、先制攻撃のインセンティブ（動機）は取り去られるであろうという理由から、敵の個々の反応に関わりなく、状況は安定するであろうというのである。しかしそのような提案の主な問題は、間違ったサイド、つまり（2つの対立する同盟のうちで明らかに防衛的な）ＮＡＴＯに対してなされたことにあ

る。ヨーロッパにおいて本当に状況が改善されるには、ソビエトが極めて攻撃的な戦略を放棄するほかなかったのである[55]。

　それでもやはり、ゴルバチョフが政権をとるまでのソビエトの非妥協的態度から考えて、ソ連に戦略を変えるように直接説得するのは無駄のようであった。それゆえに第3の選択肢が注目を集めた。これは限定的ではあるが無条件の融和的交渉を行うことを意味する。例えば限定的な軍備縮小の形をとり、敵にそれに同調するように勧める。もし同調すれば自国も同じ道をとるという確約を与えるのである。東西間の対立において非攻撃的防衛は、信頼醸成そして緊張緩和、軍縮というような漸進主義的戦略の中で1つの要素になり得た。自らの戦略や軍態勢において攻撃的な要素を放棄することにより、NATOはソ連が攻撃的戦略を漸進的に放棄するような形で同調するように仕向けれたと推察される[56]。必要な変更を加えれば同じような戦略はその他の状況でも成果をあげ得る。それは2つの朝鮮というような2国間でも、日本－中国－韓国あるいはインド－パキスタン－中国トライアングルというような多極間の環境でさえも成果をあげるであろう[57]。

Notes and References

(1) Bloch, Jean de: La Guerrre (Traduction de l'ouvrage russe La Guerre Future aux points de vue Technique, Economique et Politique), vols. 1-6 (Paris: Paul Dupont 1889); Hart, Basil Liddell: Europe in Arms (London: Faber and Faber, 1937); idem: The Defence of Britain (London: Faber and Faber, 1937); idem: Deterrent or Defence (London: Stevens & Sons, 1960); Gibson, Irving M.: 'Maginot and Lidell Hart: The Doctrine of Defense', in Edward Mead Earle (ed.): Makers of Modern Strategy. Military Thought from Machiavelli to Hitler (1941, reprint New York: Atheneum, 1970), pp.365-387

(2) 例えば次の文献を参照のこと。Møller, Bjørn: Resolving the Security Dilenmma in Europe. The German Debate on Non-Offensive Defence (London: Brassey's, 1991); idem: 'Germany and NOD', in idem & Håkan Wiberg (eds.): Non-Offensive Defence for the Twenty-First Century (Boulder: Westview Press, 1994), pp.153-165

(3) 証拠書類として参照したのは私の The Dictionary of Alternative Defence (Boulder, CO: Lynne Rienner Publishers, 1994)

(4) 例えば次の文献を参照のこと。MccGwire, Michael: Militray Objectives in Soviet Foreign Policy (Washington, D.C.: Brookings, 1991); idem: Perestroika and Soviet Military Reform. Conventional Disarmament and the Crisis of Militarized Socialism (London: Pluto, 1991); Diehl, Ole: Die Strategiediskussion in der Sowjetunion. Zum Wanderl der sowjetischen Kriegsfürungskonzeption in den achtziger Jahren (Wiesbaden: Deutscher Universitäsverglag, 1993)

(5) Sharp, Jane M.O.: "Conventional Arms Control in Europe", in SIPRI Yearbook 1991, pp.407-474（条約を含む付録付き）。CFEの視点がよく分析されているのは Blechman, Barry M., William J. Durch & Kevin P. O'Prey: NATO's Stake in the New Talks on Conventional Armed Forces in Europe (London: Macmillan, 1990); Wittmann, Klaus: 'Challenges of Conventional Arms Control', Adelphi Papers, no.239 (1989); Dean, Jonathan: "Defining Long-Term Western Objectives in CFE", The Washington Quarterly, vol.13, no.4 (July-August 1990), pp.313-324; Freedman, Lawrence: 'The Politics of Conventional Arms Control', ibid., no.5 (September-October 1989), pp.387-396.

(6) この問題を深く掘り下げることが、フォード財団によって資金援助してもらっている「地球規模での非攻撃的防衛ネットワーク」プロジェクトの目的である。

(7) Palme Commission (Independent Commission on Disarmament and Security Issues): Common Security. A Blueprint for Survival. With a Prologue by Cyrus Vanse (New York: Simon & Schuster, 1982) また次の文献も参照のこと。Värynen, Ramio(ed.): Policies for Common Security (London: Taylor & Francis/ SIPRI, 1985);

あるいは Bahr, Egon & Dieter S. Lutz (eds.): Gemeinsame Sicherheit. Idee und Konzept. Bd. 1: Zu den Ausgangsüberlegungen, Grundlagen und Strukturmenrkamalen Gemeinsamer Sicherheit (Baden-Baden:Nomos Verlag, 1986); idem & idem (eds.): Gemeinsame Sicherheit. Dimensionen und Disziplinen. Bd.2: Zu rechtlichen, ökonomischen, psychologischen und militärischen Aspekten Gemeinsamer Sicherheit (Baden-Baden: Nomos Verlag, 1987).
(8) 安全保障ジレンマに関しては、例えば次の文献を参照のこと。Herz, John M.: Political realism and Political Idealism. A Study in Theories and Realities (Chicago: Chicago University Press, 1951), passim; idem: 'Idealist Internationalism and the Security Dilemma', World Pooliticas, no.2, 1950, pp.157-180; Jervis, Robert: Perception and Misperception in International Politics (Princeton, N.J.: Princeton University Press. 1976), pp.58-93; cf. idem: 'Cooperation Under the Security Dilemma', World Politics, vol.30, no.2 (1978), pp.167-214; Buzan, Barry: People, States and Fear. An Agenda for International Security Studies in the Post-Cold War Era, Second Edition (Boulder: Lynne Rienner, 1991). pp.294-327. 非攻撃的防衛と集団安全保障の関連に関しては次の文献を参照のこと。Møller, Bjørn: Common Security and Nonoffensive Defense. A Neorealist Perspective (Boulder: Lynne Rienner, 1992); Bahr, Egon & Dieter S. Lutz (eds.): Gemeinsame Sicherheit. Konventionelle Stabilität. Bd. 3: Zu den militärischen Aspekten Struktureller Nichtangriffsfähigkeit im Rahmen Gemeintsamer Sicherheit (Baden-Baden: Nomos Verlag, 1988).
(9) Barnaby, Frank & Egbert Boeker: "Non-Nuclear, Non-Provocative Defence for Europe", in P. Terrence Hopmann & Frank Barnaby (eds.): Rethinking the Nuclear Weapons Dilemma in Europe (New York: St. Martin's Press, 1988), pp.135-145, quotation from p. 137.
(10) Weizsäcker, Carl Friedrich von: Wege in der Gefahr. Eine Studie über Wirtschaft, Gesellschaft und Kriegsverhütung (1976) (Müchen : Deutscher Taschenbuch Verlag, 1979), p. 150; Boserup, Anders: "Non-offensive Defence in Europe", in Derek Paul (ed.): Defending Europe. Options for Security (London: Taylor & Francis, 1985), pp.194-209.
(11) 例えば次の文献を参照のこと。Møller, Bjørn: 'What is Defensive Security? Non-Offensive Defence and Stability in a Post-Bipolar World', Working Papers, no.10 (Copenhagen: Centre for Peace and Conflict Research, 1992); Huber, Reiner K.: 'Military Stability of Multipolar International Systems: An Analysis of Military Potentials in Post-Cold War Europe' (Neubiberg: Institut für Angewandte Systemforschung und Operations Research. Fakultät für Informatik. Universität der Bundeswehr München, June 1993); idem & Rudolf Avenhaus: 'Problems of Multipolar International Stability', in idem & idem (eds.): International Stability in a Multipolar World: Issues and Models for Analysis (Baden-Baden: Nomos Verlag,

1993), pp.11-20. 以前の東ヨーロッパ圏における多極性の興味深い分析は次の文献を参照のこと。idem & Otto Schindler: 'Military Stability of Multipolar Power Systems: An Analytical Concept for Its Assessment, exemplified for the Case of Poland, Byelarus, the Uraine and Russia', ibid., pp.155-180.

(12) 例えば次の文献を参照のこと。Galtung, Johan: There Are Alternatives. Four Roads to Peace and Security (Nottingham: Spokesman, 1984), pp.172-176; or Quester, George: "Security and Arms Control", in idem: The Future of Nuclear Deterrence (Lexington MA: John, Wiley & Sons, 1986), pp.1-25; idem: Avoiding Offensive Weapons and Strengthening the Defensive (ibid., pp.229-250).

(13) Borg, Marlies ter: "Reducing Offensive Capabilities-the Attempt of 1932", Journal of Peace Research, vol.29, no.2 (May 1992), pp.145-160; Kaufman, Robert Gordon: Arms Control During the Pre-Nuclear Era. The Untied States and Naval Limitation Between the Two World Wars (New York: Columbia University Press, 1990).

(14) 1974年にアメリカ陸軍は次のように兵器のカテゴリーに対し攻撃と防衛とに分けて数値を与えた。戦車64/55　装甲兵員運搬車13/6　対戦車兵器27/46　大砲72/85　迫撃砲37/47　武装ヘリコプター33/44。次の文献を参照のこと。William Mako, quoted in Snyder, Jack (1987): 'Limiting Offensive Conventional Forces: Soviet Proposals and Western Options', in Steven Miller & Sean Lynn-Jones (eds.): Conventional Forces and American Defence Policy. An International Security Reader, Revised Edition (Cambridge, MA: MIT Press, 1989), p. 312.

(15) Boutros-Ghali, Boutros: 'An Agenda for Peace. Preventive Diplomacy, Peacemaking and Peace-Keeping. Report of the Secretary-General Pursuant to the Statement Adopted by the Summit Meeting of the Security Council on 31 January 1992', in Adam Roberts & Benedict Kingsbury (eds.): United Nations, Divided World. The UN's Role in International Relations, New Expanded Edition (Oxford: Oxford University Press, 1993), pp.468-498. また次の文献も参照のこと。Connaughton, Richard: Military Intervention in the 1990s. A New Logic of War (London: Routledge, 1992); Mackinlay, John: 'The Requirement for a Multinational Enforcement Capability', in Thomas G. Weiss (ed.): Collective Security in a Changing World (Boulder & London: Lynne Rienner, 1993), pp.139-152.

(16) 例えば次の文献を参照のこと。Holloway, David & Jane M.O. Sharp (eds.): The Warsaw Pact. Alliance in Transition (London: Macmillan, 1984), especially Jones, Christopher D.: 'National Armies and National Sovereignty', pp.87-110. また次の文献も参照のこと。Johnson, Alfred Ross, Robert W. Dean & Alexander Alexiev: East European Military Establishments: The Warsaw Pact Northern Tier (Santa Monica: RAND, 1980); MacGregor, Douglas: The Soviet-East German Military Alliance (Cambridge: University Press, 1989).

(17) これらの兵器カテゴリーのソビエトによる一方的削減と、想定されたCFE削減の持

つ意味の非常に詳細な分析については、次の文献を参照のこと。Joshua M.: Conventional Force Reductions: A Dynamic Assessment (Washington, D.C.: The Brookings Institution, 1990).
(18)「集団安全保障共同体」概念について発達段階にある研究は Deutsch, Karl W. et al.: Political Community and the North Atlantic Area. International Organization in the Light of Historical Experience (Princeton, N.J.: Princeton University Press. 1957).
(19) Krohn. Axel: "The Vienna Military Doctrine Seminar", SIPRI Yearbook 1991, pp.501-511; Lachowski, Zdzislaw: 'The Second Vienna Seminar on Military Doctrine', SIPRI Yearbook 1992, pp.496-505. また次の文献も参照のこと。Hamm, Manfred R. & Hartmut Pohlman: 'Military Strategy and Doctrine: Why They Matter to Conventional Arms Control', The Washington Quarterly, vol.13, no.I (Winter 1990), pp.185-198.
(20) 用語については例えば次の文献を参照のこと。Hart, Basil Liddell: Strategy. The Indirect Approach, second, revised, edition, 1967 (New York: Signet Books, 1974), pp.32 1-322, 352-360; Kennedy, Paul M. (ed.): Grand Strategies in War and Peace (New Haven: Yale University Press, 1991).
(21) 例えば次の文献を参照のこと。Neild, Robert: 'The Implications of the increasing Accuracy of Non-Nuclear Weapons', in Joseph Rotblat & Ubiratan d'Ambrosio (eds.): World Peace and the Developing Countries. Annals of Pugwash 1985 (London: Macmillan, 1986), pp.93-106.
(22) 次の文献を参照のこと。Kokoshin, Andrei A. & Valentin Larionov: 'Four Models of WTO-NATO Strategic interrelations', in Marlies ter Borg & Wim Smit (eds.): Non-provocative Defence as a Principle of Arms Control and its Implications for Assessing Defence Technologies (Amsterdam: Free University Press, 1989), pp.35-44. また次の文献も参照のこと。Reid, Brian Holden: 'The Counter-Offensive: a Theoretical and Historical Perspective', in idem & Michael Dewar (eds.): Military Strategy in a Changing Europe (London: Brassey's, 1991), pp.143-160; Mackenzie, J.J.G.: 'The Counter-Offensive', ibid., pp.161-180.
(23) 次の文献を参照のこと。Snyder, Glenn: Deterrence and Defense (Princeton, N.J.: Princeton University Press, 1961).
(24) Müler, Albrecht A.C. von: 'Structural Stability at the Central Front', in Anders Boserup, Ludvig Christensen & Ove Nathan (eds.): The Challenge of Nuclear Armaments, Essays Dedicated to Niels Bohr and His Appeal for an Open World (Copenhagen: Rhodos International Publishers, 1986), pp.239-256, 特に pp.253-254. この概念の背景にあり、この概念に感化を及ぼしたのは次の文献の中のいくつかの提案である。Huntington, Samuel: 'Conventional Deterrence and Conventional Retaliation in Europe' (1983), in Steven E. Miller (ed.): Conventional Forces and American Defense Policy. An International Security Reader (Princeton: Princeton

第1章　非攻撃的防衛の基本的概念　55

University Press, 1986), pp.251 -275 .
(25) Clausewitz, Carl von (1832): Vom Kriege, Ungekürzter Text nach der Erstaunage (1832-1834) (Frankfurt: Ullstein, 1980), pp.360-371 (Book VI.1-3), 特に p.361。英語訳においては pp.357-366/358 : On War, edited and translated by Michael Howard and Peter Paret (Princeton, N.J.: Princeton University Press, 1984). また次の文献も参照のこと。Gat, Azar: 'Clausewitz on Defence and Attack', Journal of Strategic Studies, vol.I l, no.I (1988), pp.20-26.
(26) 地雷は非人道的であると非難されてきた。地雷が民間人にもたらすすさまじい災難のためである。しかも戦争が終わって後何年にも及んで被害を与える。地雷に関しては例えば次の文献を参照のこと。The Arms Project & Physicians for Human Rights: Landmines. A Deadly Legacy (New York: Human Rights Watch, 1993).しかしながら、問題なのは対人地雷であり対戦車地雷や水雷ではない。
(27) 例えば次の文献を参照のこと。Epstein: op.cit. (note 17), pp.67-72; Simpkin, Richard E.: Race to the Swift. Thoughts on 21st Century Warfare (London: Brassey's, 1986), pp.57-77; Gupta, Raj: Defense Positioning and Geometry. Rules for a World with Low Force Levels (Washington, D.C.: Brookings Institution, 1993). ランドスケーピング、つまり防衛目的のための地形を変えることについては例えば次の文献を参照のこと。Webber. Philip: New Defence Strategies for the 1990s. From Confrontation to Coexistence (London: Macmillan, 1990), pp.197, 211; cf. Garrett, James M.: The Tenuous Balance. Conventional Forces in Central Europe (Boulder: Westview, 1989), pp.213-230.
(28) 例えば次の文献を参照のこと。Mearsheimer, John J.: 'Numbers, Strategy, and the European Balance', International Security, vol.12, no.4 (Spring 1988), pp.174-185; idem: "Assessing the Conventional Balance: The 3:1 Rule and Its Critics", ibid. vol.13, no.4 (Spring 1989), pp.54-89; Epstein, Joshua M.: "The 3:1 Rule, the Adaptive Dynamic Model, and the Future of Security Studies", ibid., pp.90-127; Posen, Barry R., Eliot A. Cohen & John J. Mearsheimer: "Correspondence: Reassessing Net Assessment", ibid., pp.128-179.
(29) Grin, John: Military-Technological Choices and Political Implications. Command and Control in Established NATO Posture and a Non-Provocative Defence (Amsterdam: Free University Press, 1990).
(30) スイスの国民市民軍については次の文献を参照のこと。Cramer, Benedict: 'Dissuassion infra-nucléaire. L'armée de milice suisse: mythes et réalités stratégiques', Cahiers d'Etudes Strategiques, no.4 (Paris: CIRPES, 1984). ドイツの国民市民軍案については次の文献を参照のこと。Bald, Detlef (ed.): Militz als Vorbild? Zum Reservistenkonzept der Bundeswehr (Baden-Baden: Nomos Verlag, 1987); idem & Paul Klein (eds.): Wehrstruktur der neunziger Jahre. Reservistenarmee, Miliz oder ...? (Baden-Baden: Nomos Verlag, 1988).
(31) 非攻撃的防衛軍勢を多民族国家に合うように工夫する試みに関しては次の文献を参

照のこと。SAS (Study Group Alternative Security Policy) & PDA (Project on Defense Alternatives): Confidence-building Defense. A Comprehensive Approach to Security and Stability in the New Era. Application to the Newly Sovereign States of Europe (Cambridge, MA: PDA, Commonwealth Institute, 1994), pp.101-108. ユーゴスラビアについては例えば次の文献を参照のこと。Bebler, Anton A.: 'The Yugoslav People's Army and the Fragmentation of a Nation', Military Review, vol.73, no.8 (August 1993), pp.38-5 1; Gow, James: Legitimacy and the Military. The Yugoslav Crisis (London: Ptnter, 1992)

(32) Canby, Steven L.: 'Weapons for Land Warfare', in Møller & Wiberg (eds.): op.cit. (note 2), pp.74-84; Ischebeck, Otfried: 'Der Kampfpanzer der Zukunft', in Erwin Müller & Götz Neuneck (eds.): Rüstungsmodernisierung und Rüstungskontrolle. Neue Technologien, Rüstungsdynamik und Stabilität (Baden-Baden: Nomos, 1991). pp.233-248; idem: 'Evolution of Tanks and Anti-Tank Weapons: Assessment of Offence-Defence Dynamics and Arms Control Options', in Wim A. Smit, John Grin & Lev Voronkov (eds.): Military Technological Innovation and Stability in a Changing World. politically Assessing and Influencing Weapon Innovation and Military Research and Development (Amsterdam: VU University Press, 1992), pp.177-196.

(33) いろいろな非攻撃的防衛タイプ兵力と伝統的軍事部隊の比較については例えば次の文献を参照のこと。Hofmann, Hans W., Reiner K. Huber & Karl Steiger: 'On Reactive Defense Options. A Comparative Systems Analysis of Alternatives for the Initial Defense against the First Strategic Echelon of the Warsaw Pact in Central Europe', in Reiner K. Huber (ed.): Modelling and Analysis of Conventional Defense in Europe. Assessment of Improvement Options (New York: Plenum, 1986), pp.97-140; Huber, Reiner K. & Hans Hofmann: 'The Defence Efficiency Hypothesis and Conventional Stability in Europe: Implications for Arms Control', in Anders Boserup & Robert Neild (eds.): The Foundations of Defensive Defence (London: Macmillan, 1990), pp.109-132.

(34) Afheldt, Horst: Verteidigung und Frieden: Politik mit militärischen Mitteln (München/Wien: Carl Hanser Verlag, 1976): idem: Defensive Verteidtgung (Reinbek: Rowohlt, 1983).

(35) SAS (Studiengruppe Alternative Sicherheitspolitik): Strukturwandel der Verteidigung: Entwürfe für eine konsequente Defensive (Opladen: Westdeutscher Verlag, 1984); idem: Vertrauensbildende Verteidigung. Reform deutscher Sicherheits-politik (Gerlingen: Bleicher Verlag, 1989). ＳＡＳモデルの最も最近のかたちはＳＡＳ＆ＰＤＡ（前掲書注31）である。

(36) Conetta, Carl, Charles Knight & Lutz Unterseher: 'Toward Defensive Restructuring in the Middle East', Bulletin of Peace Proposals, vol.22, no.2 (June 1991), pp.115-134. See also Møller, Bjørn; 'Non-Offensive Defence and the Arab-

第1章 非攻撃的防衛の基本的概念 57

Israeli Conflict', Working Papers, no.7 (Copenhagen: Centre for Peace and Conflict Research, 1994).
(37) Hannig, Norbert: Abschreckung durch konventionelle Waffen; Das David-und-Goliath Prinzip (Berlin: Berlin-Verlag Arno Spitz, 1984).
(38) Müller, Erwin: "Dilemma Sicherheitspolitik. Tradierte Muster westdeutscher Sicherheitspolitik und Alternativoptionen: Ein Problem- und Leistungsvergleich", in idem (ed.): Dilemma Sicherheit. Beiträge zur Diskussion über militärische Alternativkonzepte (Baden - Baden : Nomos Verlag, 1984) , pp.53-170; idem :'Konventionelle Stabilität durch Strukturelle Angriffsunfäfigkeit', in idem & Gägz Neuneck (eds.): Abrüstung und Konventionelle Stabilität in Europa (Baden-Baden: Nomos Verlag, 1990), pp.75-80.
(39) そのようなディスエンゲージメント・モデルの例は次の通りである。Afheldt, Eckhardt: 'Verteidigung ohne Selbstmord. Vorschlag für den Einsatz einer leichten Infanterie', in Carl Friedrich von Weizsäcker (ed.): Die Praxis der defensiven Verteidigung (Hameln: Sponholz, 1984), pp.41 -88; Bülow, Andreas: 'Defensive Entanglement: An Alternative Strategy for NATO', in Andrew J. Pierre (ed.): The Conventional Defense of Europe: New Technologies and New Strategies (New York: Council on Foreign Relations), pp.1 12-151; idem: 'Vorschlag für eine Bundeswehrstruktur der 90er Jahre. Auf dem Weg zur konventionellen Stabilität', in idem, Helmut Funk & Albrecht A.C. von Müller: Sicherheit für Europa (Koblenz: Bernard & Graefe Verlag, 1988), pp.95-110; Löser, Jochen: Weder rot noch tot. Überleben ohne Atomkrieg: Eine Sicherheitspolitische Alternative (München: Olzog Verlag, 1981); Barnaby & Boeker: loc.cit. (note 5); Müller, Albrecht A.C. von: 'Integrated Forward Defence. Outline of a Modified Conventional Defence for Central Europe', in Hylke W. Tromp (ed.): Non-Nuclear War in Europe. Alternatives for Nuclear Defence (Groningen: Polemological Institute, 1986), pp.201-224; Lodgaard, Sverre & Per Berg: 'Disengagement in Central Europe', in Joseph Rotblat & Sven HelLman (eds.): Nuclear Strategy and World Security. The Annals of Pugwash 1984 (London: Macmillan, 1985), pp.242-259.
(40) 非攻撃的海洋戦略については例えば次の文献を参照のこと。Booth, Ken: 'NOD at Sea', in Møller & Wiberg (eds.): op. cit. (note 2), pp.98-1 14; Møller, Bjørn: 'Restructuring the Naval Forces Towards Non-Offensive Defence', in Borg & Smit (eds.]: op.cit. (note 20], pp.189-206. 空軍の防衛改革については例えば次の文献を参照のこと。idem: 'Air Power and Non-Offensive Defence. A Preliminary Analysis', Working Papers, no.2 (Copenhagen: Centre for Peace and Conflict Research, 1989); Hagena, Hermann: Tiefflug in Mitteleuropa. Chancen und Risiken offensiver Luftkriegsoperationen (Baden-Baden: Nomos Verlag, 1990); idem: 'NOD in the Air', in Møller & Wiberg (eds.): op.cit., pp.85-97.
(41) 例えば次の文献を参照のこと。Bailey, Kathleen: Doomsday Weapons in the

Hands of Many (Urbana: University of Illinois Press, 1992); Barnaby, Frank: How Nuclear Weapons Spread. Nuclear-Weapon Proliferation in the 1990s (London: Routledge, 1993).

(42) Neild, Robert: An Essay on Strategy as it Affects the Achievement of Peace in a Nuclear Setting (London: Macmillan, 1990). pp.46-73.また次の文献を参照のこと。Creveld, Martin Van: Nuclear Proliferation and the Future of Conflict (New York: Free Press, 1993).

(43)「存在する核抑止」については次の文献を参照のこと。Bundy, McGeorge: 'Existential Deterrence and its Consequences', in Douglas Maclean (ed.): The Security Gamble, (Totowa N. J.: Rowman & Allanhead, 1986), pp.3- 13. また次の文献も参照のこと。Russett, Bruce M.: "Between General and Immediate Deterrence", in Aharon Klieman & Ariel Levite (eds.): Deterrence in the Middle East. Where Theory and Practice Converge (Tel Aviv: Jafee Centre, Jerusalem: Jerusalem Post and Boulder: Westview, 1993), pp.34-44. 核兵器なしの存在する核抑止、つまり「青写真抑止」については次の文献を参照のこと。Schell, Jonathan: The Abolition, (London: Picador, 1984), p.119. また次の文献も参照のこと。Miller, James N.: 'Zero and Minimal Nuclear Weapons', in Joseph S. Nye Jr., Graham T. Allison & Albert Carnesale (eds.): Fateful Visions. Avoiding Nuclear Catastrophe (Cambridge, MA: Ballinger, 1988), pp.11-32; and Booth, Ken & Nicholas J. Wheeler: 'Beyond Nuclearism', in Regina Owen Karp (ed.): Security Without Nuclear Weapons? Different Perspectives on Non-Nuclear Security (Oxford: Oxford University Press, 1992), pp.21-55.

(44) 同盟の理論については例えば次の文献を参照のこと。Liska, George: Nations in Alliance. The Limits of Interdependence (Baltimore: John Hopkins Press, 1962); Riker, William H.: The Theory of Political Coalitions (New Haven: Yale University Press, 1962); Wait, Stephen M.: The Origins of Alliances (Ithaca, NJ: Cornell University Press, 1987); Snyder, Glenn H.: 'The Security Dilemma in Alliance Politics', World Politics, vol.36, no.4 (1984), pp.461-495; Christensen, Thomas J. & Jack Snyder: "Chain Gangs and Passed Bucks: Predicting Alliance Patterns in Multipolarity", International Organization, vol.44, no.2 (1990), pp.137-168.

(45) 例えば次の文献を参照のこと。Kupchan, Charles A. & Clifford A. Kupchan: 'Concerts, Collective Security, and the Future of Europe', International Security, vol.16, no.1 (Summer 1991), pp.114-161; Weiss, Thomas G. (ed.): Collective Security in a Changing World (Boulder & London: Lynne Rienner, 1993). より懐疑的な視点については、次の文献を参照のこと。Betts, Richard K.: 'Systems for Peace or Causes of War? Collective Security, Arms Control, and the New Europe', International Security, vol.17, no.1 (Summer 1992), pp.5-43.

(46) 私はこのテーマについて次の拙作で詳細に記した。Møller, Bjørn: 'Multinationality, Defensivity, Collective Security', Working Papers, no.20

第1章　非攻撃的防衛の基本的概念　*59*

(Copenhagen: Centre for Peace and Conflict Research, 1993).

(47) 例えば次の文献を参照のこと。Luttwak, Edward N.: Strategy. The Logic of War and Peace (Cambridge, MA: Harvard University Press, 1987).特に pp.126-140。試みられた反駁については次の文献を参照のこと。Prins, Gwyn: 'Perverse Paradoxes in the Application of the Paradoxical Logic of Strategy', Millennium, vol.17, no.3 (1988), pp.539-551. 非攻撃的防衛のその他の批評は次のようなものがある。Gates, David: Non-Offensive Defence. A Strategic Contradiction? (London: Alliance Publishers, 1987); idem: Non-Offensive Defence. An Alternative Strategy for NATO? (London: Macmillan, 1991). また次の文献も参照のこと。Dick, Charles J. & Lutz Unterseher 1986: 'Dialogue on the Military Effectiveness of Non-provocative Defence', in Frank Barnaby & Marlies ter Borg (eds.): Emerging Technologies and Military Doctrine. A Political Assessment (London: Macmillan, 1986), pp.239-250.

(48) Jervis, Robert & Jack Snyder (eds.) 1991: Dominoes and Bandwagons. Strategic Beliefs and Great Power Competition in the Eurasian Rimland (New York: Oxford University Press, 1991).

(49) Betts, Richard K.: Nuclear Blackmail and Nuclear Balance, (Washington D.C.: The Brookings Institution, 1987).

(50) 次の文献を参照のこと。"Urban Warfare", by the SAS chairman Lutz Unterseher in Trevor N. Dupuy (ed.): International Military and Defence Encyclopedia (Washington, D.C.: Brassey's, US, 1993), vol.6, pp.2858-2860.

(51) 例えば次の文献を参照のこと。Roberts, Adam (ed.): The Strategy of Civilian Defence. Non-violent Resistance to Aggression (London: Faber and Faber, 1967); Galtung. Johan: 'Two Concepts of Defense', in idem: Peace, War and Defense. Essays in Peace Research, vol.2 (Copenhagen: Chr. Ejlers Forlag, 1970), pp.280-340; idem: 'On the Strategy of Nonmilitary Defense. Some Proposals and Problems', ibid., pp.378-426; Sharp, Gene: The Politics of Non-Violent Action, vols. 1-3 (Boston: Porter & Sargent, 1973): Ebert, Theodor: Gewaltfreier Aufstand: Alternative zum Bürgerkrieg (Waldkirch: Waldkircher Verlag, 1968); idem: Soziale Verteidigung, vol.I : Historische Erfahrungen und Grundzüge der Strategie; and vol.2: Formen und Bedingungen des zivilen Widerstandes, (Waldkirch: Waldkircher Verlag, 1981); Boserup, Anders & Andrew Mack: War Without Weapons. Non-Violence in National Defence, (London: Francis Pinter, 1974); Mellon, Christian, Jean-Marie Muller & Jaques Semelin: La Dissuasion Civile (Paris: Fondation pour les Etudes de Defense Nationale, 1985).

(52) Tanner, Fred (ed.): From Versailles to Baghdad: Post-War Armament Control of Defeated States (New York: United Nations/Geneva: UNIDIR, 1992).

(53) 次の文献を参照のこと。Møller: 1992 (note 8), pp.79-84; Neild, Robert: 'The Case Against Arms Negotiations and for a Reconsideration of Strategy', in Hylke Tromp (ed.): War in Europe. Nuclear and Conventional Perspectives (Aldershot: Gower,

1989), pp.119- 140.
(54) 例えば次の文献を参照のこと。Carter, April: Success and Failure in Arms Control Negotiations (Oxford: Oxford University Press/SIPRI, 1989).
(55) Tiedtke, Stephan: "Alternative Military Defence Strategies as a Component of Detente and Ostpolitik", Bulletin of Peace Proposals, vol.15, no.1 (1984), pp.13-24; idem: "Abschreckung und ihre Alternativen. Die sowjettische Sicht einer westlichen Debatte", Texte und Materialien der Forschungsstätte der Evangelischen Studiengemeinschaft, Reihe A, 20 (Heidelberg: F.E. St., 1986).
(56) 漸進主義に関しては例えば次の文献を参照のこと。Osgood, Charles E.: An Alternative to War or Surrender (Urbana, Illinois: University of Illinois Press, 1962); George, Alexander L.: 'Strategies for Facilitating Cooperation', in idem, Philip J. Farley & Alexander Dallin (eds.): U.S.-Soviet Security Cooperation. Achievements, Failures, Lessons (New York: Oxford University Press, 1988), pp.692-711; Johansen, Robert C.: 'Unilateral Initiatives', in Richard Dean Burns (ed.): Encyclopedia of Arms Control and Disarmament, vols. 1-3 (New York: Charles Scribner's Sons, 1993), vol.1, pp.507-5 19. やや懐疑的な分析は次の文献を参照のこと。Stein, Arthur A.: Why Nations Cooperate

第2章

Håkan Wiberg： ホーカン・ウィベリー

安全保障政策の文脈から見た非攻撃的防衛

1 序　論

　国家のレベルで生じる基本的な安全保障の問題、すなわち、防衛能力と防衛のジレンマ、多様な型の抑止政策に対する賛否両論、などは、本書の他の執筆者によって、本書または他の著書（ブザン Buzan 1991; ミョレー Møller 1991,1992）で取り扱われている。本章の問題は、ある意味で、それよりも高次のレベルで生じる問題、すなわち、個々の国がどのような安全保障政策を選択するかによって、国家間システムがどのように影響を受けるか、という問題である。いくつかの具体例は、ヨーロッパからとられている。しかし、非攻撃的防衛の概念は、この地域に限定されるものではない。世界の他の地域に関する非攻撃的防衛の文献も、すでに出版されており（シン Singh & ベカリック Vekaric 1989; UNIDIR 1990)、ビョン・ミョレーは、現在、世界規模の研究ネットワークを確立しつつある。

　国家の個々の政策は、当該国家が意図しないような種々の影響をもたらすことがある。ある国が、実施する必要があると判断する政策は、この国の隣国との関係において、種々の信頼上の問題を引き起こすことがある。2か国以上の近隣諸国においては、個々の軍事システムは、当該国家が意図していない影響を結果的に及ぼし得る。すなわち、他国の攻撃を待つことは非常に危険であるので、もし、危機が生じれば、各国は先制攻撃をせざるを得ないと判断することになる。これらの軍事システムの構成は、当該国家が意図していない影響、すなわち、他国の軍事的態度に認められる脅威に対抗するために、各国は軍備を増強せざるを得ないと判断するという影響を与え得るのである。さらに、この軍備増強によって、今度は相手国が新たな脅威に対抗するために、軍備の増強を強いられることにもなる。現れる軍事システムの型は、政治的、あるいはその他の要因と組み合わされたとき、集団安全保障体制を整えるのにマイナスの影響を与えるかもしれない。

上述した4つの影響が、本章で議論することになる問題、すなわち、信頼醸成、危機の制御、軍拡競争の制御、および集団安全保障である。

2 非攻撃的防衛と信頼醸成

「信頼醸成」という用語は、時には、文化、経済、政治、軍事、およびその他の領域における諸々の作用、ならびに相互作用を包含する広範な意味で用いられる（IPRA 1980, ビルンバウム Birnbaum 1983）。いくつかの点から考えて、非攻撃的防衛の発想は、明らかに、信頼醸成を成り立たせる有効な考え方である。しかし、本論では特に防衛理論としての非攻撃的防衛について議論するつもりであるから、ここでは、軍事問題に限定し、「信頼醸成」という用語が、欧州安全保障協力会議（CSCE）の文書に現れ始めたときに含まれていた狭義の概念（SIPRI 1976）を用いることにする。

厳密な定義について、一致した見解は存在しないが、明らかに、大半の定義が、機能的な表現で規定されている（IPRA 1980, ホルスト Holst 1983）。ほとんどすべての定義に包含されている1つの機能は、奇襲攻撃に対する恐怖を軽減することである。一般的にいうと、これは、誤った認識や解釈による紛争の拡大を回避するために、予測可能性を高めることといえよう。もし、これが有効に機能するならば、政治目的から軍事的示威を行うことはできにくくなる。さらに、このように改善された国際情勢においては、軍備管理の機会が増大して、最終的に、軍備管理自体も向上するであろう。

この観点からすると、信頼（confidence）とは、多分に自信（self-confidence）の問題でもある。国家が、起こり得る紛争の局面に対処できると確信すればするほど、この国は、安全に対する脅威になると他国にみなされるような様々な準備に駆られなくなるであろう。

原則として、A国がB国を恐れる程度は、認識される意図、および認識

される軍事能力（ならびに、その他の要素）によって決まるであろう。もし、B国がA国の親密な同盟国であり、両国間には友好関係が存在する結果、攻撃の意図が恐怖の対象として認識されないならば、B国の軍事能力は、A国によって脅威とは見なされないものである。しかし、もし、B国の意図がA国に分からないか、あるいはB国の意図が現実に攻撃的であるか、もしくは攻撃的になり得ると推定できる根拠を認識していたならば、A国は、主に、B国の能力に注目して、最悪の場合にこの能力が何の目的に利用されるかを考えるものである。そこで、A国は可能な限り、この最悪の場合に備えるであろう。A国が、B国の現実の、または潜在的な攻撃の意図を認識すればするほど、A国の安全保障政策は、念のために入手可能な資料から考えられる最も高い見積もりを選択することによって、B国の能力を過大評価する傾向がある。

しかし、この政策は、逆方向の因果関係を生み出す可能性がある。すなわち、A国が、脅威（それが現実であれ、仮想であれ）に対抗するために自国の軍事能力を強化すればするほど、B国はこの態度をA国の攻撃意図の表れとみなす傾向が強くなり、こうして、B国はA国の能力を過大評価せざるを得なくなるであろう。このようにして、不信と軍拡競争の悪循環はいとも簡単に生じる。その上、この悪循環が継続すればするほど、両国のどちらか一方が、自国は攻撃の意図を有さないこと、あるいは、たとえ攻撃の意図を有していたとしても、脅威となる様々なシナリオを実行できないことを相手国に確信させるのはますます困難になる。どちらの側も相手国の言動を、自国を騙して誤った安全保障へと導く企みと解釈するようになり、しかも、このような解釈はますます強められていくのである。

ある状況下においては、このような事態は「防衛が脅威となる」事態にまで発展し得る。もし、A国の安全保障政策が報復を基に立てられているならば、B国が自国の軍事機構の中で防衛にのみ利用できる基本的要素を強化することまで、A国は脅威とみなすであろう。A国の観点からすると、B国の防衛能力の強化は、A国が報復にB国を攻撃し、ダメージを加える

能力を弱めるので、この強化はB国の攻撃を抑える要因を減らすものとみなされる。もし、A国が自国は防衛の意図だけを有すると考えているならば、B国がA国を潜在的な攻撃国とみなすことを受け入れることは容易ではない。そこで、B国の防衛能力の強化は、B国が攻撃を意図しているという観点から理解されるであろう。それが、唯一、この強化を解釈できる方法なのである。

　以上について、どのように対処することが可能なのだろうか。A国が、B国の信頼を得る上で、最も根本的な解決方法は、明らかに徹底的な軍縮である。すなわち、もし確実に、A国が脅威となる企てを行う能力を有しないならば、B国にとって、A国の意図がどこにあるのかは、実際上重要な事柄ではない。しかも、A国の軍縮は、どのような状況においても、A国の意図についてのB国の見方を改善する可能性が最も高い。難問は、このような軍縮は、A国が、B国の持ち得る邪悪な意図から自国を防衛する能力、およびA国がB国にこのような意図の実行を断念させる能力を大幅に落としてしまうことである。このことは、B国にとっては危険が減少することを意味するのであるが、A国にとっては問題が生じるのである。そこで、相互に恐怖と不信が存在する状況では、軍縮は、通常、相互の信頼がある程度確立された後でしか、生じないのである。種々の軍縮交渉の歴史的経験から、相互の不信がいまだ支配的な状況では、軍縮交渉はほとんど成果を上げないということを私たちは学んでいる。

　したがって、交渉の論理、特に1970年代、および1980年代の欧州安全保障協力会議における交渉の論理は、当然、軍事能力の削減以外の問題から始めなければならない、ということであった。2番目に適当な解決方法は、現在両国が保有する軍備を、当面受け入れるが、奇襲攻撃という最悪の恐怖を除去できるように、この軍備を組織し直して、再配置しようとすることであろう（ブラックウイルBlackwill & ルグロLegro 1989）。この方法でも、認識される軍事的必要性は信頼醸成に必要なこととは、矛盾するのである。すなわち、このようなA国の配置再編は、A国がB国からの起こり

得る奇襲攻撃に対抗する能力を減退させるだろうし、Ｂ国の配置再編についても、同じことがいえるであろう。

そこで、実際に取り組まれていたのは、主に、3番目に適当な解決方法、すなわち多様な方策によって、予測可能性を向上させようとすることであった。この方策には、軍事演習の計画についての相互告知、および軍事演習の見学への相互招待、軍事装備の種々の側面に関する相互の情報提供、およびこの情報を検証する種々の機会の相互付与、などが含まれていた。この方向に従って、実際にいくらかの成果が上げられ、しかも1980年代の第2次冷戦の後も成果は継続的にあげられてきた。それでも、ゴルバチョフ政権の初期にソ連の軍事政策の変更によって生じた諸々の急激な変化（ホールデン Holden 1989; ココシン Kokoshin 1989）、ならびに西側諸国で最も脅威になるものと考えられていたソ連軍のいくつかの特徴的要素（国境付近の大規模な戦車隊形、侵攻に利用可能な橋の建設設備など）を除去する上でソ連が打ち出した数々の一方的な政策とを比較すると、これらの成果は取るに足りなかった。

非攻撃的防衛は、問題解決のための別の可能性を提供する。もし隣接する国々が、親密な同盟国でなければ、ある国の軍事的潜在能力は他の国々によって、常に脅威になるとみなされるかもしれないが、この脅威の度合いはその国の軍事的潜在能力が、どのように構成されているか、およびこの軍事的潜在能力が、どのような型の抑止を生み出すことに向けられるかに左右されるのである。Ａ国は、基本的に、報復による抑止、すなわち、もしＢ国が攻撃するならば、Ａ国はＢ国に多大な損害を与えるように反撃するであろう、ということをＢ国に明らかにするという政策姿勢をとることができる。この政策が高いレベルで有効であるにはＡ国のかなり強度の攻撃能力が前提になるが、この攻撃能力は、たとえＡ国が、自国は攻撃の意図をまったく有しないと正式に宣言したとしても、しかもＡ国がこの宣言についてまったく正直であったとしても、Ｂ国にとっては脅威とみなされるであろう。Ｂ国には、Ａ国が正直か否かははっきり分からないし、も

し正直と判断し誤った場合には、非常に多大な損害が生じる可能性があるからである。そこで、B国にできる最も思慮深い態度は、A国が正直でないと仮定することである。

　こうした報復による抑止とは別のとり得る施策は、拒否による抑止（deterrence by denial）の態度である。すなわち、B国からの攻撃が撃退され、かつB国が見返りに少しも利益を得ることなく、この攻撃から多大な損害を被るように、A国が自国の防衛に十分備えていることをB国に信じさせる態度である。この場合、A国の政策姿勢は、必ずしもB国によって脅威になるとみなされない。それは、A国の防衛力が、防衛だけでなく攻撃にも利用できるように組織され、かつ配置されているのか、あるいはこの防衛力が、防衛にのみ利用できるかで決まる。後者の場合、つまり非攻撃的防衛の「純粋な場合」には、当然ながらB国が実際に攻撃するときを除いて、B国がA国の軍事組織を恐れる理由はまったくないであろう。

　非攻撃的防衛は、現実には「二者択一」の問題ではない。それは、程度の問題である。A国の防衛が、その能力から見て非攻撃的であればあるほど、B国は自国の平和に対するA国からの脅威に対処できる自信を強めることができる。もし、A国とB国が、自国の軍事力を非攻撃的防衛の方向に転換させるならば、あるいは、最初の段階では両国の一方だけでも自国の軍事力を非攻撃的防衛の方向に転換させるならば、両国は、自国の防衛能力をさらに信頼し、相手国の攻撃能力の減少を把握することの2つの理由よって、自信を強めるであろう。このことは、また各国が相手国に対する信頼を高めることを可能にするであろう。

3 非攻撃的防衛と危機の制御、戦争拡大の制御

　クラウゼヴィッツの古典的命題によると、防衛側は、常に攻撃側よりも優位にある。このような優位は、防衛側の戦場の熟知、短い輸送路、高い士気、などに存在する。

　このような優位が決定的なものか否かは、別の問題である。このような優位が、軍事的マンパワーと軍事的装備に存在し得る攻撃側の優位に勝てる限界線がある。軍事的技術の発展は、もう1つの重要な決定要因である。この発展が、歴史上、攻撃側に有利に働いた時代もあれば、防衛側に有利に働いた時代もあったので、後になって軍事専門家の推測がはずれていたと分かったことが何度もある。第1次世界大戦以前の支配的な見解では、攻撃側が優位にあったので、この見解に従って、諸々の軍事政策が立てられた。第2次世界大戦以前には、フランスのマジノ線で明らかなように、大半の国家が、逆に防衛側が優位にあると解釈し、誤った判断をした。

　軍事技術についての認識は、（正しく、あるいは誤って）この認識を基礎に立てられた諸々の軍事政策と共に、危機の制御に極めて重要である。もし、攻撃側が優位にあると考えられているならば、他国に対する抑止は、主に報復による抑止を基礎にするであろう。このようなA国の軍事政策は強大な攻撃能力を必要とし、B国はそれへの対応としてA国の攻撃能力にできる限り打撃を与えようと先制攻撃に駆られる傾向がある。さらに、この軍事政策は、B国が先制攻撃に駆られるのではないかという恐怖感をA国にもたらす傾向があり、この恐怖によって今度は、A国がB国の先制攻撃の機先を制する論拠が与えられるであろう（シェリング Schelling 1963, Ch.9）。上述のロジックは、たとえ両国が自国を基本的に防衛的と考えるとしても、さらに、通常の場合にはたとえA国とB国が相互の意図を基本的に防衛的と推察するとしても、変わらないであろう。この両国の推察は、意図についてだけの判断にすぎず、安全保障の政策決定では、この判断は

容易に、能力を基にした最悪ケースの分析によって覆されるのである。もし、先に攻撃すると勝利することが多く、攻撃を待つと敗北することが多いならば、いったん生じた危機はさらに拡大する傾向があり、危機が戦争に至る危険性は高いであろう。このことは、良い方に働けば、諸国が危機を回避するように、非常に注意深く行動する動機を与えるかもしれない。しかし、このような分別、さらにこの分別に従って行動する政治的能力は紛争状況では大いに欠けていることが多い。

　対照的に、拒否による抑止（deterrence by denial）を基礎に立てられた軍事政策は、先制攻撃に関するこのような誘惑と恐怖をもたらすことは少ないであろう。危機の制御の問題は、非攻撃的防衛、少なくともいくつかの型の非攻撃的防衛によって、解決へと向かうであろう。もし、両国が、基本的に非攻撃的防衛手段をとるならば、両国は、危機の際に先制攻撃を企てる動機も能力もどちらも有しない。もし、両国の一方が、主に拒否による抑止を基礎にし、他方が報復による抑止を基礎にするならば、前者は先制攻撃の能力を、後者は先制攻撃の動機をほとんど有しないであろう。両国は、危機の際に、攻撃を延期する余裕を持つことができるようになるのである。

　危機の制御がどの程度できるかは、どのような非攻撃的防衛のモデルが選択されるかによるであろう。最初から大半の防衛能力の配置を基礎にしているモデルでは、正面の防衛が手薄であらかじめ後方に配置した軍隊によって、速やかに補強されることになるゾーンモデルよりも、この制御作用の程度は高くなるであろう。確かに、このゾーンモデルの補強行為は、相手国に攻撃の準備と解釈される可能性があるからである。

　戦争の拡大の制御は、もう１つの関連した問題を提起する。もし、危機の制御作用が、戦争への拡大を回避できるほど十分に高くないとしたら、戦争への質的、量的な拡大を回避することは、どのようにして可能なのだろうか。戦争への拡大を制御する作用が高いとは、紛争当事者が戦争への関与を最小限に抑えることができることと地勢的な点や使用される武器のタ

イプの点などにおいて様々な限界を超えないことが可能である、ということを意味する。

　システム論の観点から見ると、1つの重大な問題は、戦争への拡大は、制御され、かつ計算された形で起こってくるという頻繁に用いられる軍事政策上の仮説に存在する。これは、戦争の拡大の最終的な限界点の設定について、少なくとも2国間に暗黙の合意がある、という歴史的には疑わしい仮説を前提にしている。実際にも、大国間で偶発事件を避けるために、数多くの2国間条約が存在しており（リン・ジョンズ Lynn-Jones 1988, 1990）、第2次世界大戦中のヨーロッパにおける化学兵器のように、使用されなかった武器の事例もいくつか存在する。とはいえこのような事実から、戦争の拡大の限界点について、戦争中に合意を見いだせるまでにはかなりの隔たりがある。特に敵対する当事者は、その限界がどこにあるべきかについて、対立する利害を有することが多いからである。

　攻撃側が優位にあればあるほど、そして軍事政策が報復による抑止を基礎にしていればいるほど、問題は悪化するであろう。いったん戦争が勃発すると、抑止する国は、報復を実行するか、あるいは報復による抑止の信憑性を損なうか、のどちらかをしなければならない。同時に、攻撃する国は当然報復を恐れて、できる限り相手国の報復力に打撃を与えようと、急速に戦争を拡大するであろう。

　たとえ、紛争の両当事者が、非攻撃的防衛の諸原則に従って自国の防衛システムを組織していたとしても、それは両国の戦争を防止する確実な保証にはならない。しかし他方で、大半のタイプの非攻撃的防衛は、付随的作用として、戦争への拡大の制御作用を高めるであろう。両国の軍事政策は、当然拒否による抑止を基礎にしているので、攻撃を受けた国家は、報復による抑止の信憑性を損なうことと、威嚇に対する報復を実行することによって戦争を拡大することとのジレンマに直面することはない。両国の防衛システムの非攻撃的性格は、両国が互いの領土に深く侵攻する能力がないために、両国の戦争が国境付近でしか起こらないということも意味す

る。したがって、突発的な軍事的危機が戦争を呼び起こす危険は小さい。その上、両国は何年も戦争を続け攻撃能力を回復しなければ、戦争を拡大するための手段をほとんど持たないのである。

　もし、両国の一方だけが非攻撃的防衛に防衛政策を転換して、他方がしなければ、この論理は前者の国家についてのみ有効であり、もし後者の国家が最初の攻撃に成功しなければ、この国が戦争の拡大を行うのを防止するものは、原則として存在しない。しかし同時に、信頼できる「非攻撃的防衛」は、潜在的な攻撃者の最初の一撃だけでなく、総合的な攻撃能力を考慮しているであろう。その上、一方だけが非攻撃的防衛の場合でも、戦争の拡大の悪循環が存在するような最も危険なケースは免れるので、戦争拡大の制御に大いに貢献すると考えられる。

4　非攻撃的防衛と軍拡競争の制御

　軍拡競争の種々の原因と結果については、古くから議論が存在する。軍拡競争の結果には、次の3つの主要な論点がある（ウィベリー Wiberg 1989b）。

①軍事支出は、国民経済に対してどの程度無駄な出費になるのか、あるいは軍事支出は逆にどの程度、最終的に国民経済を刺激する結果をもたらす需要要因を生み出すのか。多数の実証研究とモデル分析の結果からの評価を簡潔に要約すると、通常、軍事支出に対して肯定的に主張できることはほとんど存在しない。軍事支出にはっきりとした効果があるとするなら、それは経済成長を促進する方向ではなく、抑制する方向に働くのである。

②高い軍事支出は、社会全般に対してどのような効果があるのか。すなわち、高い軍事支出は、社会や社会の構造、および文化の全般的な軍

事化をもたらすのか。さらに、このような効果は、有益なのか、それとも有害なのか。どちらの論点についても、見解の一致は見られない。最初の論点の決定的要因の1つは、(イスラエルの事例で明らかなように、民主的統制自体が軍事化を防止する保証にはならないとしても)軍事システムが、どの程度安定した民主的統制の下に置かれているかであると思われる。軍事化の様々な側面が、有益か、それとも有害かは、多くの場合政治的立場の問題であるので、ここではこれ以上立ち入らない。

③高い軍事支出は、どの程度、戦争の危険を増大するのか、あるいはどの程度、戦争を抑止するのか。多数の実証研究についての評価は、次のように要約することができる。まず、いくつかの研究によると、国家の武装の程度と国家が戦争に加わる可能性との間には、ほとんど、あるいはまったく関係がないのである。他の研究によると、重武装の国家、しかも、特に急速に武装化している国家の方が、他国よりも戦争をする危険が高いという結論が出されている。しかし、国家の軍事費が高ければ、その国が戦争をする可能性が減少する、という見解を支持する研究は存在しないようである。特に、2国間での関係を研究することは興味深い。この研究の主要な結果を見ると、重武装の2国間では、相互の紛争が、戦争に拡大する危険が最も高く、軽武装の2国間ではこのような危険が最も低い。もし、紛争の起きる前に、国家間の軍拡競争が存在するならば、このような危険は特に高くなる。

したがって、軍拡競争を懸念するのに十分な根拠が存在するのである。そこで問題となるのは、軍拡競争の原因である。すなわち、軍拡競争の原因は、どの程度、2か国 (または、それ以上の国々の) 間の相互作用のプロセスに存在するのか、ならびに軍拡競争の原因はどの程度、国家の国内プロセス (「軍産複合体」、固有ダイナミックスなど) に見いだせるのか、という問題である。この分野の実証研究について最も簡潔に要約すると、次のとおりである (ウィベリー Wiberg 1989a)。第1に、この (国内と国際の)

両方のタイプの要因が、軍拡競争についてのすべての分析事例に現れている。第2に、このどちらの要因が重要かは事例ごとで異なり、しかも同一事例でも時期によって異なる。第3に、この2つのタイプの要因は、相互に影響を及ぼし合うので、国内的要因と国際的要因を明確かつ単純に区別することはほとんど不可能である。この2つのタイプの要因の間には、「中間領域（グレイゾーン）」が存在するのである。

　以上の結果、軍拡競争の制御を模索するとき、とりわけ、国家間の相互作用に注目することが重要なことが分かる。そこで、ここでは軍事態勢と抑止のタイプに関係のある国際的要因に焦点を当てることにする。

　この国家間の相互作用の観点から重要と思われる事柄の中でも、次に挙げることが最も重要であると思われる。

　①相手側の能力を過大評価して、自国の軍備増強を進めてしまう生来的傾向
　②相手側よりも、多くを獲得しようとする傾向

　このような傾向を、2つの点から考察することができる。その1つは、社会学的視点である。軍人を含むあらゆる職業は、その職業の意義を大きく見積もり、その職業への財源増加の必要性を正当化するように、現実を認識する性向がある。この性向は、例えば医学部の教授に比べて、軍人に特に顕著というわけではない。

　他方で、このような傾向は、一定の前提条件下における「論理的行動」という視点からも、説明することができる。先に明らかにしたように、潜在的な敵を過大評価するよりも、過小評価する方が危険であり得る。正確な資料は入手不可能なことが多いので、過小評価を防ぐ方法をとる方が、たとえこの結果、過大評価をする危険を冒してしまっても、合理的である。この合理性についての問題は、相互連関システムのレベルで生じる。すなわち、もし両国が、この合理性に従うならば、構造上相互に過大評価する危険を冒す可能性が大きく、結局、実際上はどちらの利益にもならない軍拡競争で動きがとれなくなるのである。

「勢力均衡」が、公的にはどのようなレトリックで表現されようと、相手側よりも多くを獲得する傾向は一般的には強いものである。この傾向は、いくぶん、相手側を過大評価する傾向と関係している。すなわち、相手側が保有しているものと同等のものを獲得する努力をしていると信じている行為者は、事実上は、相手側より優位になろうとしていることになる。その上、何が勢力均衡の構成要素かについて、意見の一致を見たことがない。この問題は、多数の様々な異なる構成要素の評価を必要としなければならず、しかも、この評価を、様々な国が様々な方法で行うのである（ガルトゥングGaltung 1976)。その結果、相手側が軍備のある側面で優位にあるなら、この優位を他で埋め合わせる必要性が正当化され、軍備の他の側面では、意図的に相手側より優位に立とうとする努力が頻繁になされるのである。

両国の軍事政策が、基本的に報復を基礎にしている限り、自国の抑止に対する相手側の抑止を再び抑止するためには、相手側の攻撃能力の増強に自国の攻撃能力の増強で対応することを支持する論拠が存在する。同時に、万一抑止が機能しないで戦争が始まった場合に備えて、自国の防衛能力の増強を支持する論拠も存在するであろう。また、自国の抑止に対する相手側の抑止力を弱めるために、自国の攻撃能力（相手側の増強した防衛能力は、自国の抑止力を弱める）と防衛能力の増強による相手側の防衛能力増強への対応を支持する論議も成り立つのである。

すでに両国の一方でも、基本的に非攻撃的防衛手段をとっている場合には、もはやこの「防衛が脅威となる」論理は成り立たない。この論理は、高いレベルの攻撃能力で構築された防衛能力を前提にしているのである。この前提は、拒否による抑止を基礎にするA国側には当てはまらないであろう。その上、A国は、主として報復による抑止を基礎にするB国側の防衛能力を懸念する必要はない。B国の防衛能力は、A国が確立しようとしている拒否による抑止力を弱めないからである。

上述したことには、少なくとも両国の一方が拒否による抑止を防衛政策

の基本とする場合に、軍拡競争の制御の観点からの重要な意味が含まれている。防衛能力の増強は、次の場合を除いて、相手側の軍備増強を刺激しない。すなわち、「報復による抑止」側が、実際に侵略の意図を有しており、相手側の防衛能力の増強に攻撃能力の増強で対抗する場合である。しかしながら、この攻撃能力の増強自体が、このような意図を有する非常に明らかな兆候と捉えられるであろう。防衛を志向する 2 国を想定した場合、両国が報復による抑止を基本としているならば、両国は軍拡競争で動きがとれなくなる傾向がある。しかし、少なくとも、これらの国の一方が、非攻撃的防衛に防衛政策を転換するならば、両国は軍拡競争の悪循環から逃れることが可能になる（ミョレー **Møller** & ウィベリー **Wiberg** 1989）。

5 　非攻撃的防衛と集団安全保障

　すでに、非攻撃的防衛が問題解決に役立つような種々の事柄を概観してきた。しかしこれが、すべてに効能のある魔法の呪文のようなものというつもりはない。信頼醸成についていえば、非攻撃的防衛も、依然として、多少とも秘密主義を必要とすることがある。しかし、その非攻撃的防衛の秘密主義の必要性は、通常、主として報復による抑止を目的とする防衛よりも少ないので、非攻撃的防衛は、効率的な信頼醸成の方策が基礎にしている相互検証を受け入れやすい（ミョレー **Møller** 1989）。非攻撃的防衛は、危機と戦争の制御機能を向上させ得るが、その程度は選択する非攻撃的防衛のタイプに左右されるであろう。非攻撃的防衛は、軍拡競争のダイナミックスを緩和する傾向があるが、その力をすべて除去することはまず不可能である。非攻撃的防衛以外の方法も、同様に取り組まれなくてはならない。

　何が技術的に実行可能なのか、また防衛目的だけの軍事システムが、防

衛と共に攻撃にも使用可能な軍備を有するシステムよりもコストが高いかどうか、について考えるべき問題が多数ある。このような問題は、本書の他の章（ミョレー **Møller**）で扱われているので、ここでは取り上げない。

しかし、ここで議論すべき主要な問題が1つある。非攻撃的防衛についての種々の議論は、従来から個々の国家の防衛に着目する傾向がある。しかし、同盟については、どのように考えるべきなのか。同盟の本質は、通常、同盟国の1つが攻撃を受けた場合に、相互に防衛し合う取り決めである。とはいえ、このような取り決めが実効性を有するには、短時間で遠方まで大量の軍事物資を輸送する能力が前提になる。この能力は、通常、相当の攻撃能力を意味するであろう。非攻撃的防衛は、軍事同盟と両立しないのだろうか。

この問いに対する答えは、非攻撃的防衛は軍事同盟と必ずしも両立しないわけではない、ということである。両立するか否かは、まったく同盟国の軍事的姿勢で決まる。もし、同盟の取り決めが、同盟国Aは、同盟国B国が攻撃を受けた場合に、攻撃国に対して報復による脅威を与えることを基本にしているならば、非攻撃的防衛は、明らかにA国の態度と相容れない。たとえ、A国の態度が、非攻撃的防衛と相容れないとしても、B国が、非攻撃的防衛の態度をとることは、なお可能かもしれない。B国の態度が、どの程度種々の問題を解決するかは、B国が、例えば、基地の提供によって、A国の報復に加勢することを約束しているか否かによる。もし、このような約束がなければ、B国の非攻撃的防衛の態度は、多少とも、B国に隣接する国家の信頼を回復するかもしれない（デンマーク、および特にノルウェーは、ソ連／ロシアに対して、集団的抑止と個々の信頼の回復との間で、いかにしてうまく均衡をとるかについて、参考になる事例である。このような国は、また、他と比較しても非攻撃的防衛の態度に近づいている）。

逆に、もしB国が、A国の報復のために基地の提供を約束している（取り決めている）ならば、「防衛が脅威となる」問題が生じるであろう。A国

とB国は、自国は平和的で抑止の態度しかとらないと考えているかもしれない。しかし、他国が報復の準備と攻撃の準備を明確に区別することは困難である。そこで、通常の「最悪の場合（事例）の分析」を用いる第3国Cは、A国の基地を攻撃の前兆とみなすかもしれない。しかも、この場合、Cが先制攻撃をしようと考えているならば、B国の防衛能力は、二次的問題と見なされるであろう。

しかし、同盟の種々の取り決めが、当然に、攻撃能力を基礎にしなければならない、というわけではない。B国は、非攻撃的防衛の態度をとるとともに、A国の義務は、攻撃を受けた場合、または、奇襲攻撃の明確な前兆のある場合に、B国の非攻撃的防衛の態度と調和するように多数の軍需品を迅速に供給できる点にあるかもしれない。通常、これは、明確な「二者択一」の問題ではなく、程度の問題である。一般的にいうと、A国が、B国に自国の態度を明確にすることを容認すればするほど、同時に、同盟の取り決めがB国の態度を尊重して、B国の態度を充足する準備をすることを基礎にすればするほど、非攻撃的防衛の態度の利点と同盟の利点を組み合わせることが可能になる。

「集団安全保障」は、時には、軍事同盟の問題として議論されることがある。時には、この概念は、野心的な考えを包含していることがある。すなわち、加盟国を攻撃するいかなる国に対しても、共同で戦う準備をすることによって、すべての加盟国の安全を保障するために、すべての国家が国際条約を締結するという、国連憲章にも具体的に表れている古くからある考え方である。この考え方についての古典的な問題は、この見解が、2つの事柄を前提にしていることである。すなわち、一定の状況で、誰が侵略者であるかについての合意の存在、および攻撃の結果を無効にするために必要な軍隊を提供する意思の存在である。

第1の問題については、次の事実が示すように、事例の数は多くない。すなわち、1945年以降、約200の戦争（そのうちの数10の事例で、2か国かそれ以上の国家が関与している）の中で、国連が戦争の任務で登場するのは、

3つの事例だけである。それらの事例は、朝鮮戦争（「内戦」と分類するか、「国家間の侵略」と分類するかは、ある程度、政治的立場の問題であった）、コンゴ動乱（明らかに、内戦の事例）、湾岸戦争（クウェート）（明らかに、国家間の侵略の事例）である。朝鮮戦争の事例では、安全保障理事会で必要な全会一致は、ソ連の一時的な理事会の不参加によって、初めて可能になった。コンゴ動乱では、国連の戦争の任務は、安全保障理事会とは異なる総会で決定されたので、侵略者を規定する問題は生じなかった。湾岸戦争（クウェート）は、特別の事情も国連憲章の操作もなく、安全保障理事会で必要な過半数が得られた唯一の事例である。

　第1の問題が解決したと仮定しても、第2の問題が残っている。国連は、ブトロス・ブトロス・ガリが提案したように、国連の指揮下にある常備軍を編成することによって、あるいは、加盟国に軍隊の提供を頼ることによって、必要な軍隊を得ることができる。常備軍が、あらゆる重大な侵略のケースにも対処できるようにする上で、十分貢献できる唯一の加盟国は大国だけである。しかし、自国ではなく、この大軍が国連の指揮下におかれることは、ほとんど想像できない。さらに、特定の危機に対処するために、加盟国から軍隊を得るという解決方法についても、コンゴ動乱では、大国に頼らずに、十分な軍隊を得ることはできたが、力の行使は、低いレベルにとどまった。そこで、朝鮮戦争と湾岸戦争（クウェート）では、軍事行動に対する有効な国連の指揮統制がなくても、米国と多数の永続的、または一時的な同盟国に、国連の旗を貸すことが問題になった。

　しかし、このような問題がすべて、将来のある状況で、何とか解決されたと仮定しよう。次の問題は、非攻撃的防衛が、どの程度国連軍（「所有物」にせよ「借り物」にせよ）に必要な装備と両立するか、ということである。

　大半の型の国連活動において、この問題が生じることはない。軍事監視団は、非武装である。平和維持活動の遂行に関する通常規則は、自己防衛の際に発砲できるだけである。その他の機能、例えば、人道的援助もまた、攻撃用の武器を必要とせずに実行可能である。問題が生じるのは、実質的

に国連軍が戦争に使用される場合、つまり、「平和執行」と呼ばれる場合だけである。

1990年から91年の湾岸危機は、特定の問題を浮き彫りにした。一方で、イラク軍は、数時間内にクウェートを占領することが可能であり、強力な防衛態勢に専心することができたのであった。そこで、同盟国は、最小限の損失で、イラク軍を弱体化し押しやるために、最大の攻撃力（イラク全域に対する大規模な空爆）を必要としたのである。この事実は、2つの一般的な問題を例示している。

第1に、何が非攻撃的防衛であって、何が非攻撃的防衛でないのかは、常に、相対的なものである。たとえ、潜在的な2大敵国が、相互に非攻撃的であると信じられるように武装していたとしても、両国のどちらか一方が、はるかに弱小の隣国に対して、明らかに攻撃的手段を選択するかもしれない。非攻撃的防衛が、あらゆる問題を解決することは不可能であり、期待すべきでもない。

第2に、もし、国連が、侵略に対する手段として種々の軍事的方策をとるならば、使用できる軍隊は、多くの場合、相当の攻撃能力を有する必要がある。こうして、初めに述べたジレンマの1つに戻ることになる。もし、このような攻撃用の軍隊が、真に国連の指揮下にあるならば、軍隊を提供できる国が、軍隊を提供する可能性は低い。しかし、もし軍隊が国家の指揮下にあるならば、国連が軍事的選択を要求することは、大国が多数の隣接する国家に脅威を感じさせるような諸々の攻撃能力を維持することを正当化するであろう。

第2の問題の解決方法の1つは、秩序の回復よりも、戦争の予防に焦点を当てることであろう。戦闘行為の明白かつ現在の危険があるところでは、国連は、抑止として役割を果たすように、軍隊を非常に迅速に紛争中の国境地帯に配置するであろう。この目的のために、この軍隊が攻撃能力のある武器を装備する必要はないであろう。この軍隊は、2つの主要な機能、すなわち、自国が脅かされていると判断する国家の防衛能力を上げる機能、

および侵略がただちに国連との紛争になることを、潜在的な侵略者に明らかにすることによって、予防線としての役割を果たす機能を有するであろう。

　このような予防が機能するためには、時間が、極めて重要になることが多いであろう。もし、加盟国間に十分な合意が存在するならば、安全保障理事会の決議に必要な期間は、非常に短縮することが可能になる（しかも、もし合意が存在しないならば、いずれにしろいかなる国連の関与も不可能であろう）。しかし、隊員の雇用に必要な期間は、今日（数か月であることが多い）よりも、さらに短縮する必要がある。この問題は、国連自体の機動部隊（迅速に展開する国連自体の軍隊）を編成することによって、解決することが可能であろう。この問題は、また、次のように解決することも可能であろう。すなわち、もし、デンマークとオランダが現在従事しているように、いくつかの国々が、このような任務のために自国の軍隊の一部を取っておき、この軍隊に高度な軍備を保持させると共に、他方で、これらの国々を含む他の国々が、敏速な空輸組織の予備を常に保有することである。この場合、このような国連軍の第一部隊は、数日で到着することが可能になり、本隊は数週間で到着することが可能になるであろう。しかし、ここで主要なキーワードは、大規模な攻撃能力ではまったくなく、高度な軍備、高い機動性、および十分な防衛能力であろう。

References

Birnbaum, Karl (ed.) 1983. Confidence-Building and East-West Relations. Wien: Braumüller.

Blackwill, Robert D. & Jeffrey W. Legro 1990. 'Constraining Ground Force Exercises of NATO and the Warsaw Pact', pp. 68-98 in International Security, vol. 14, Nr. 3 (Winter 1989/90).

Borawski, John 1986. 'The World of CBMs', pp. 9-42 in John Borawski (ed.) : Avoiding War in the Nuclear A e. Confidence-Building Measures for Crisis Stability. Boulder, CO: Westview.

Buzan, Barry 1991. People, States and Fear (2nd rev. ed.). Hemel Hempstead: Harvester/Wheatsheaf and New York: Lynne Rienner .

Galtung, Johan 1976. 'Notes on balance of power: problems of 13 definitions, policies and research, pp. 38-53 in Johan Galtung: Essays in Peace Research, vol. 2. Copenhagen: Ejlers.

Holden, Gerald 1989. The WTO and Soviet Security Policy. Oxford: 'Basil Blackwell.

Holst, Johan Jørgen: 'Confidence Building Measures: A Conceptual Framework', in Birnbaum 1983.

International Peace Research Association (IPRA) Disarmament Study Group 1980. 'Building Confidence in Europe. An analytical and Action-oriented Study', pp. 2-17 in Bulletin of Peace Proposals, no. 2.

Kokoshin, Andrei A. 1989. 'On the Military Doctrines of the Warsaw Pact and NATO', pp. 212-230 in Blackwill, Robert D. & F. Stephen Larrabee, eds. : Conventional Arms Control and East-West Security . Durham & London: Duke University Press.

Lynn-Jones, Sean 1988. 'The Incidents at Sea Agreement', pp. 482-509 in George, Alexander L., Philip J. Farley & Alexander Dallin, eds. : U.S.-Soviet Security Cooperation. Achievements Failures Lessons. New York: Oxford University Press.

Lynn-Jones, Sean 1990. 'Applying and Extending the USA-USSR Incidents at Sea Agreement', pp. 203-219 in Fieldhouse, Richard, ed. : Security at Sea. Naval Forces and Arms Control. Oxford: Oxford University Press/SIPRI.

Møller, Bjørn 1991. Resolving the Security Dilemma in Europe: The German Debate. London: Brassey's.

Møller, Bjørn 1992. Common Security and Non-offensive Defense: A Neorealist Perspective. Boulder, CO: Lynne Rienner and London: UCL Press.

Møller, Bjørn & Håkan Wiberg 1989. Non-Offensive Defence and Armament Dynamics: A Theoretical and Empirical Assessment. Copenhagen: Centre for Peace and Conflict Research (Working Paper No. 3/1989).

Müller, Harald 1989. 'Transforming the East-West Conflict: The Crucial Role of Verification", pp. 2-15 in Altmann, J_rgen & Joseph Rotblat, eds. : Verification of Arms Reductions. Nuclear Conventional and Chemical. Berlin: Springer.

Schelling, Thomas 1963: The Strategy of Conflict, (Cambridge Mass. : Harvard University Press).

Singh, Jasjit & Vatroslav Vekaric, eds. 1989. Non-Provocative Defence. The Search for Equal Security . New Delhi: Lancer.

SIPRI 1976. 'Documents on Confidence-Building Measures and Certain Aspects of Security and Disarmament', pp. 359-362 in World Armaments and Disarmament. SIPRI Yearbook 1976, Stockholm: Almqvist & Wiksell.

United Nations Institute for Disarmament Research, ed. 1990. Nonoffensive Defense. A Global Perspective. New York: Taylor & Francis.

Wiberg, Håkan 1989a. 'Arms Races, Formal Models and Quantitative Tests', pp.31-57 in Gleditsch, Nils Petter & Olav Nj_lstad, eds.: Arms Races: Technological and Political Dynamics, London: Sage.

Wiberg, Håkan 1989.b. 'Arms Races - Why Worry?', pp.352-375 in Gleditsch, Nils Petter & Olav Njølstad, eds.: Arms Races: Technological and Political Dynamics, London: Sage.

第3章

Bjørn Møller：ビョン・ミョレー

ヨーロッパ圏を越える非攻撃的防衛

1　ヨーロッパの非攻撃的防衛モデルの限界

　第1章で、非攻撃的防衛の概念はまったくヨーロッパ的であると説明した。これは部分的には正しいが、より正確には非攻撃的防衛の概念が「ヨーロッパ化」されたといった方がよい。なぜなら、非攻撃的防衛理論の「創始者たち」は、ヨーロッパ圏外での戦争や戦略家から影響を受けているからである。

　今日の第3世界のいくつかの国々には、現代の非攻撃的防衛論者を形成した何世紀いや何千年にも及ぶ防衛の伝統がある[1]。とりわけ、正規兵力との戦闘におけるゲリラの実証された強さをみて、ヨーロッパの非攻撃的防衛論者は、武装し機械化した（ソビエト）兵力の侵略に対し、敵と同様な兵器に頼ることなく戦うための方法、つまり「間接的アプローチ」[2]による防衛を思いついたのである。そうしたヨーロッパの非攻撃的防衛に対する第3世界の影響力は、次のように列挙することができる。

①第1次世界大戦中のトルコに対するアラブの反抗は、イギリス将校の「アラビアの」T・E ローレンスによって指揮され、その男がリデル・ハート Liddel Hart [3] に影響を与えたのは周知のことである。

②毛沢東は大変優れたゲリラ戦略を編み出し、それは古くからの中国式戦略思想、とりわけ孫子 Sun Tzu [4] にその源泉をたどることができる。

③ベトナム戦争においては、「原始的な」ゲリラが、強力な防空兵器を用い、またゲリラの「捕捉しがたさ」（「無目標の原則」を参照のこと）[5]を利用することによって、世界最強の軍事マシーンを打ち負かした。

④中東における1973年のヨムキプール戦争は、対戦車精密誘導兵器（PGMs）の威力を証明した。そのことは、戦車はもはや時代遅れという印象を与えた[6]。

　これらの先駆者にもかかわらず、非攻撃的防衛理論はすぐに、まぎれも

なくヨーロッパ的「要素」を受け入れていき、ヨーロッパ圏以外の国々には非攻撃的防衛理論はしっくりとこなくなったのである。そのような「偏狭な」要素のうちで最も重要なのは、次のようなものである。

①非攻撃的防衛の「考案者」は「実在する抑止効果」に依存してきており、その有効範囲はヨーロッパとその他の一部の地域でしかない。

②非攻撃的防衛「考案者」は軍事状況がかなり公開されていることを想定してきているが、第3世界のほとんどの国において状況は異なる。

③顕著な例外がないわけではないが、主流の戦略家がハイテク技術の応用によって問題を解決していこうとする姿勢に非攻撃的防衛「考案者」は同調している⁽⁷⁾。だが、旧式、つまり「青銅器的」技術の方が、ヨーロッパ以外の地域の状況には適しているかもしれない。

④これもまた例外がないわけではないが、非攻撃的防衛「考案者」は経済的制約をあまり考慮してこなかった。開発途上国だけではなく東側の旧共産主義国にとっても、この経済的制約は将来、非常に重大な問題になってくるであろう。

⑤非攻撃的防衛「考案者」は出発点として、領土面積に対する兵力の比率が高いことを想定している。ヨーロッパの大部分ではそれは当然のことだが、世界の他の地域で同様の条件を満たしている国は少ない。

⑥非攻撃的防衛「考案者」は空域と海域での戦闘をはなはだ軽視し、地上戦に焦点を当ててきた。ところが第3世界の大部分においては、地上で侵略してこられるより、空から攻撃されたり海上から強襲される方が脅威は大きいのである。

⑦非攻撃的防衛「考案者」は国家対国家というシナリオばかりに注目してきた。ところが「南」側の「弱小国家」の多くは、実は自国民（の一部）によって、より脅かされているのである。

⑧非攻撃的防衛「考案者」が当然とみなしてきたものは、軍隊は国家に対して忠誠を誓っているものだということだ。だから分権化や自治能力の増強を、脆弱性を和らげるために提言してきた。しかし多くの第3

世界の国々においては、基本的な忠誠は明白な事実とは程遠い状況である。

このような偏狭的要素が、非攻撃的防衛の文献の中に存在することを認めたからといって、非攻撃的防衛の「中心的概念」が世界の他の地域で通用しないと言っているのではない。改良や修正が必要なだけなのである。だが、これまでヨーロッパ圏以外の地域における非攻撃的防衛について書かれた論文は、まったくといっていいほどない[8]。次のセクションより、その必要な改良に対して試案をいくつか述べていきたい。

2　拡大された核抑止の有効範囲

第1章で説明したように、ヨーロッパにおいて非攻撃的防衛は、核抑止のドクトリンを不必要にさせるものと考えられてきた。ところがある意味では、非攻撃的防衛はあるタイプの戦争を不可能にしてきた核抑止の恩恵を受けていたのである。攻撃国にとって、「限度がない」ため際限なく拡大する戦争から得るものは何もなく、かえって失うものばかりである。「戦争拡大の階段」の行き着く先にある脅威は、お互いに壊滅することである。すなわち、戦争拡大は自殺行為であるといっても言い過ぎではない。限定された目標のために戦う限定された戦争だけが、政治目標を達成する手段としての「クラウゼヴィッツ主義的」戦争の合理的な形であった[9]。

そのような状況下では、そうでないときと比べて、非攻撃的防衛が満たさなければならない基準は低かった。非攻撃的防衛型の防衛は核攻撃に対する防衛（いずれにせよそれは無理なのだが）を必要としなかっただけではなく、「際限のない通常兵器戦争」からも間接的に守られてきたのである。これは、アメリカの「拡大された核抑止」が、ヨーロッパ人を安心させるものではなかったとしても、ソ連を踏みとどまらせる程度には信頼できる

ものであったといえる冷戦期のヨーロッパの状況を表している[10]。アメリカの「拡大された核抑止」は、韓国や日本に関する限り信頼度がやや落ちるかもしれない。しかし、問題はどこまで核抑止の範囲が拡大されるかである。例えば、中東やサハラ砂漠以南のアフリカ、南アジアまで拡大されるのだろうか。果たしてアメリカはイスラマバードのためにシカゴを危険にさらすだろうか。アメリカは1970、1980年代のミュンヘンのために危険を冒すのにはあまり乗り気でなかったのであるが、1990年代のサラエボのために危険を冒すであろうか。

　核の手詰まりはアメリカの一方的な核の支配に取って代わられたのであり、アメリカ大統領はもはやこうした核抑止についての質問に答える必要はない。ロシアがアメリカを大量報復することはまずあり得ないし、他の国にそうする力があることは考えられない。アメリカは自国に対する報復を恐れる必要がもはやないので、「核の傘」を（「暫定的なやり方」であったとしても）他国に拡張することができ、そのことにより「総力戦」を自殺行為としてしまうかもしれない。しかし一方では、アメリカは「核の傘」を他国に拡張しないかもしれないし、第3国に対する侵略国はアメリカが「核の傘」の論理に沿って行動することを信じないかもしれない。こうした可能性によって拡大された抑止は効力を失い得るのである。

　核兵器拡散を擁護する主張をしているのではないし、際限な戦争を挑む侵略国の攻撃を恐れる国家に対する議論をしているわけでもない。しかしこうした考察から、例えば集団安全保障の形による通常兵器による防衛的防衛が必要であることが分かる。

3 目に見えるアスペクト

　ヨーロッパにおいては、信頼醸成措置（**CBMs**）や現場査察の分野での最近の目ざましい進歩やオープン＝スカイズ条約[11]の締結などが行われる前においてでさえ、軍備や軍事活動に関する透明性は非常に高かった。国家は一般に、敵がどれだけの兵力と兵器を保有しているのか、そしてそれがどのように配置、展開され、また訓練されているのか知っていた。国家が知り得なかったこと、手に入れることのできた証拠から推測しなければならなかったことは、敵の政治目的や軍事戦略である。この政治目的あるいは軍事戦略によって兵力と兵器は用いられ方が変わってくるのである。

　全欧安全保障協力会議（ＣＳＣＥ）主催の軍事ドクトリンに関するセミナーはこの点で役に立った。各国代表による公表は、裏付けられた物的状況証拠のおかげで何とか信頼に価するものになったのである[12]。非攻撃的防衛はそのような物的証拠として、つまり誤解を避けるための手段として考え出されたとさえいえるかもしれない。攻撃目的に用いることができる兵力の配備を控えることにより、初めて国家の防衛的意図の政治声明が信頼できるものとなり、それにより安全保障ジレンマを解決できる[13]。確かに、ゴルバチョフの「平和攻勢」の誠実さを西側が最終的に納得したのは、ゴルバチョフが非攻撃的防衛を是認したと共に、ソ連が一方的な兵力削減と防衛改革を並行して行うことを1988年に国連において発表したからなのである[14]。

　第3世界のほとんどの国においては、状況は大きく異なる。監視能力（監視衛星など）が不十分なからだけでなく、多くの国々で軍事の公開度が低いことによって軍事に関する透明度は非常に低いのである。最近できた通常兵器の国連登録制度は役に立たないわけではないが、計算が不透明な形式で行われるので、多くの国による公表数値はまったく不完全であるか、信頼性の低いものとなっている[15]。そのような不透明な状況下では、非攻

撃的防衛の支持者が思い描く軍事戦略の変革は、相互の恐怖を緩和するという意図された効果を簡単にはもたらさないかもしれない。軍態勢の変革と機動演習の修正が実現されたときでさえ、大きな効果は期待できないかもしれない。

　だからといって必要な変革をしなくてもよいと言っているのではない。だがそのような変革は、その変革を敵に知らせるための揺るがない努力を伴わなければならない。この目的の達成に役に立ちそうな手段は、軍事ドクトリンに関する地域セミナーの開催、地域信頼情勢措置、地域危機防止センターの設立などであり、全欧安全保障協力会議（CSCE）は良い参考となるかもしれない。また外部の大国や国連は、監視衛星などから集めたデータを第3世界の国々に与えることにより役に立てるであろう。もし非攻撃的防衛の実施に地域軍備管理協定の形が想定され、信頼醸成効果を得るために信頼できるモニタリングが必要な場合、国連は必要不可欠な存在となる。しかしそうするための技術的手段は、少数の先進国が保有しているだけである[16]。

4　経済的制約

　ヨーロッパ以上に、第3世界諸国での防衛支出は「浪費的消費」となることが多い。（よく言われることだが）軍事支出や軍事生産が経済成長を促すというのはまったくのうそである。それどころか、差し迫って必要なノウハウ・資本・その他の資源を民間経済から引き離してしまう[17]。したがって、軍事支出を国の安全保障を成り立たせる最小限のレベルに削減する必要がある。

　非攻撃的防衛はこの基準を満たしやすい。とりわけその理由としてあげられるのは、潜在的に敵対し得る国家間の相互のやりとりを通して、非攻

撃的防衛は軍備管理や軍縮を促すということである。防衛に徹底することにより、国家は本来的に攻撃より防衛が優位という利点を受けることができる。一般的には、それぞれの国家は敵よりいくぶん少なめの戦力で安全を確保することができる。国家がこのことを理解していくにしたがって、軍備競争に取って代わる軍備縮小連鎖の道が整えられるであろう[18]。

　一国家の非攻撃的防衛への転換が、他の国家の防衛準備に対して意図した効果をもたらさなくても、そのことは非攻撃的防衛の基準を満たすのである。一般的に非攻撃的防衛タイプの防衛軍態勢は、攻撃も防衛も可能な武装兵力と比べて安上がりである。これは野心のレベルが低いためである。自国の領土を守るのは、他の国を侵略する（能力を持つ）のと比べて断然やさしく、よって安くあがる。戦略的機動性は不要となり、そのことは（異常に高くつく）軍事上の必要性を削減するであろう。（狭い範囲だけをカバーすればよいから）監視や標的の捕捉にはあまり費用がかからなくなるであろう。

　しかしそのような比較はまったく現実的というわけではない。もし「無の状態から」建て上げられるなら、非攻撃的防衛タイプの方が攻撃的な軍態勢より安上がりだと言っても、このようには防衛計画は進まないものである。いかなるときも国家は、兵器とその発射装置、サポート＝システム、兵舎、補給所などの「物的遺産」を背負っているのである。たとえそのような「物的遺産」を取り換え、再展開させることが非攻撃的防衛の観点から望ましいとしても、必然的にその過程は漸次的になろう。ほとんどの場合において、最近採用された戦闘機や戦車、軍艦は、たとえ作戦構成や武装兵力の全体的軍態勢にはもはや適合しなくても、数十年の間廃棄されることなく所蔵されることだろう。

　また、「驚異の防衛的兵器」がいかに魅力的であり、非攻撃的防衛論者の中にはそれに望みを置いている者が少なからずいるとしても、ほとんどの国は、これからはますます厳しくなる調達予算に直面しなくてはならないのである。大きな投資はまずできない。攻撃力過多の兵器に寿命がきたと

き、せいぜいそれをより防衛的な（そして普通はより安価な）兵器と交換するのが限度であろう。しかしながら、一般的に防衛改革は、既存の武装兵力の中での再編成と任務の再配分を通して行われなければならないだろう。

5　自国生産の必要性

　もし「ＮＡＴＯタイプ」のハイテクに依存することは、ほとんどの第3世界諸国の経済力の限度を超えるだけではなく、工業化された北側の製造業者に依存することにもなる。

　まさにそれは、以前から言われてきた中心（centre）と周縁（periphery）の分業（division of labour）の1つの実例であるといえよう[19]。よく言われることは、「地球規模的軍事システム」は、その「シャム双生児」の片割れである地球規模的軍事産業システムを通して、北側が南側に対する支配の永続化を助長するということである。南側が北側の軍態勢を見習うよう操ることによって、主要な軍備輸出国（とりわけアメリカ）は、魅力があり非常に利益の上がる市場のシェアを確保するのである[20]。

　したがって国内生産に適した軍事技術を求める魅力があるのである。よく推薦される「輸入代替」戦略によると、開発途上国は、輸入しなければならなかったものを自国で生産するために、少し旧式になるが先進国と基本的には同じ技術を複製するのである[21]。現在、第3世界の中で飛行機や戦車、弾道ミサイルなどを生産できる国はわずかであり、ほとんどの国はそれらを生産できず、「輸入代替」は問題の解決とはなっていない。現在の地球規模的軍事システムの下で必要とされる完成品は、通常あまりにも複雑で、国内生産にとって技術的に高度でありすぎる。しかし非攻撃的防衛の下で必要とされる軍備のタイプはシンプルであり、したがって国内生産

により適している。例えば、歩兵用兵器、迫撃砲などはあまり発達していない工業国でも生産できるであろう。さらには、そのような軍備が軍事専門産業を必要とせずに、例えば「日本モデル」[22]に見られるように必要な軍事生産はすべて民間企業の生産ラインに統合されることもあり得るのである。

このように述べることによって、第3世界での抑制の効かない軍事生産を勧めているわけではない。そうでなくても第3世界では、民間目的のための財政や生産の資源が極度に不足しているのである。しかしながら、これらの第3世界諸国が軍備を購入する際、国内調達する方が輸入するより害悪が少ないのは明らかである。さらに、上記の案と第3世界諸国の軍事産業の転換は、意図された政策として実施された場合、完全に両立できる。これらの国々が必要としているのは、いわゆる「回転式ドア転換」といえよう。これは、平和時には（願わくは永遠にそうでありたいが）かなり小規模に軍事生産を行い、しかし戦争時には生産を増大することが可能で、すぐに差し迫った戦争にも対応できるようなものである[23]。

6 面積に対する兵力の比率の要因

一般に、第3世界ではヨーロッパに比べ軍事化がずっと遅れている。つまりそれは武装兵力がまばらに展開していることを意味する。したがって、2〜3の例外を除けば、面積に対する兵力の比率はヨーロッパより第3世界の方が低い。それは$1km^2$の面積当たりの軍隊においても、兵器においても同じ結果が出る。その結果、非攻撃的防衛がそのまま多くの国に機械的に適用された場合（もちろんそのようなことはいまだかつて考えられたことはなかったが）、ある特定の地域を念頭に設定された人的資源集約的な非攻撃的防衛に必要な兵力は、無意味なものとなってしまうであろう。

さらには、ヨーロッパの国家はたいてい1つの敵だけに注意を払い、したがって一側面だけを防衛するだけでよかったので、2極性がヨーロッパ人の防衛計画を支配することとなった[24]。この前提はヨーロッパにおいてもはや当てはまらなくなってきており、(韓国のような例外がいくつかなかったわけではないが) 第3世界においてはまず妥当性を持たなかった。

もう一度言うが、このことは非攻撃的防衛の一般概念の妥当性を否定しない。ただ修正をいくらかしなければならないと指摘しているだけである。国家はすべての国境を同時に守ることはできないし、駐屯軍によって地域を十分にカバーすることもできないから、一般的に考えて、相当な機動力が必要不可欠となろう。しかし機動力は、非攻撃的防衛が削減またはなくそうとしている国境を越える能力に、いとも簡単に変わってしまうわけであり、新たな問題が提起されるのである。

表3－1　面積に対する兵力の比率

面積に対する兵力の比率	面積 (km^2)	予備兵力 (1,000)	予備兵力 (1,000)	予備兵力 (1,000)	主力戦車	面積比配備兵力割合 ($/km^2$)	面積比配備兵力割合 ($/km^2$)	面積比主力戦車割合 ($/km^2$)
ドイツ (1990年まで)	248,580	469	853	1,322	5,045	1.9	5.32	20.3
イスラエル	20,770	176	430	606	3,960	8.5	29.2	190.7
南アフリカ	1,221,037	68	635	703	250	0.1	0.2	0.2
ナミビア	824,296	8	0	8	0	0.0	0.0	0.0
インド	3,287,590	1,265	950	2,215	3,400	0.4	0.2	1.0
アルゼンチン	2,766,889	70	377	448	266	0.0	0.2	0.1

この問題に対する決まった答えはないが、「蜘蛛と蜘蛛の巣」("spider-and-web") の比喩は重要な手がかりを与えてくれる。それはつまり、機動兵力は自国の領土内では最大の機動性を、そして領土外では最小の機動性を持つべきということである[25]。国家が比較的小規模の補給所を国中に分散して配置すれば、それは国境を越えるための機動性を軍事的側面で制約すると同時に、戦術上・作戦上の機動性を強化するであろう。国家は、空

や衛星からの監視などに頼る中央集中的システムより、「神経ネットワーク」("neuralgic network") により相互に連絡し合う監視所を広く分散して配置することに重点を置くようになるだろう(26)。

　国家は、自国の権益上重要な地域や防衛の「拠点」として、重要な地域周辺で限定的地域防衛のオプションを選ぶ可能性もある。こうした地域防衛は、特に自然の防壁（山脈、川、ジャングルなど）が考慮されるなら、重要な国境をほぼ完全にカバーできるよう配置されるだろう。防衛の残りの穴は、（序章で述べた注意点を考慮の上で）防壁や地雷原によってカバーすることができるであろう(27)。

7　専門化の重要性

　非攻撃的防衛の軍態勢や戦略に普遍的に適用できる青写真というものはない。つまり、インドネシアとナミビアあるいは中国とエルサルバドルすべてにうまく適応するような青写真はないのである。非攻撃的防衛論者は、そのような青写真があると主張しているわけではない。

　実は、非攻撃的防衛の軍態勢に共通する特徴は、その多様性、つまり特有の地勢に対する専門化と応用化にあるといえるかもしれない。兵力は自国の領土内で行動できるよう構成されるべきであり、森林、ジャングル、湿地、山脈の何であれ、兵力は自国特有の地勢に合うよう専門化することができるのである。兵力は多様な環境で行動する能力を持たなくてもよく、かえってそのような能力は、非攻撃的防衛の観点からは望ましくない。さらに主張されることは、専門化は信頼醸成措置や防衛意図の表明として役立つということである。専門化によって国内で戦うための兵力と海外向けの兵力との力の違いははっきりとし、防衛的に戦うという意図はさらに信頼性を得るのである。

8 相乗作用と多面性

すでに述べたように、陸軍が何よりも重要な役割を果たす。空軍と海軍は地上を制圧することも占領することもできないから、補助的役割しか果たさないのである。しかし、確かに空・海軍はそれだけでは真の攻撃潜在力となり得ないが、陸・海・空軍の相乗作用は「攻撃力倍増手段」の役目を果たすかもしれない。1967年の6月戦争におけるイスラエルの勝利や、最近の湾岸戦争中の多国籍軍はその具体的例である[28]。

さらには、総合的な攻撃能力を評価する場合、単純計算の論理は必ずしも役に立たない。つまり強力な空軍や海軍の攻撃潜在力は、陸軍の援助がなかった場合、ゼロとなってもおかしくない。だが、かといって、弱いが無視できないほどの力を持つ陸軍と非常に強力な空・海軍を保有する国家は、強力な陸軍と微力な空・海軍を持つ国家と比べて、必ず攻撃において弱いというわけではない。したがって、どのようにしたら非攻撃的防衛の理想を実現できるかを考えるならば、海軍と空軍も考慮に入れなければならない。最低でも海・空軍は、陸軍の厳密に防衛的な性質と矛盾せず、なるべくなら支持的であるべきだ。

9 空軍における非攻撃的防衛

この項では、非攻撃的防衛へのコミットメントが空軍力の追求にどのように影響を与えるかについての一般的考察をしてみたい[29]。後半では、こうした概念の第3世界での応用について（試案的ではあるが）提案することにする。

空軍力は、強大な権力を握るという野心を持った国家にとっては格別に

魅力的である。それは、空軍力は勢力を地球上のほとんどの地域に及ぼすことを可能とし、また大変多能的で地勢にあまり影響されないからである。よって「空軍力」、つまり「陸や海の上の第3の次元に兵力を展開する能力」を求めることは永久に続くであろう(30)。

　伝統的に国家が希求してきた「制空権」における問題は、2つの敵が「制空権」を同時に握ることはできないということである。それは必ず一方の犠牲を伴い、したがって「共同安全保障」と矛盾する。非攻撃的防衛戦略に適合するためには、空間のレベルでの野心を縮小しなければならない。国家が支配すべき「領空」は、ほかの国の領空と重なるほど広くなるべきではなく、なるべくなら国家の領土上空に限るべきだ。理想的なのは、それぞれの側の領土上空の主権が保障されるように空軍を配備することである。これは、序章で説明した「相互防衛優位」のスタンスにとって重要な要素となるであろう。

表3－2　空軍力による作戦と非攻撃的防衛

不適合	条件的適合	適合
戦略的爆撃	対工場爆撃	近接砲撃
敵の中心部までの砲撃	監視と標的の捕捉	（近接航空防衛）
勢力支配	空輸	集団安全保障作戦
長距離の標的の捕捉	警告	戦場における監視
攻撃的航空反撃	（航空防衛）	航空防衛

　非攻撃的防衛の基準によると、とりわけ作戦構成の優先度を決めるという視点から、「空軍力」はさらにその構成要素の機能に分けて分析されるべきである。表3－2は空軍の種々の作戦と、非攻撃的防衛との適合性を表した簡単な表である。

　これは早速、空軍の軍態勢の変更を迫る。なぜならば、あるタイプの飛行機や兵器は不要となるか、もしくは保有することが許されなくなる一方、別のタイプの飛行機や兵器の必要性は大きくなる可能性があるからだ。

表3－3　非攻撃的防御とこれまでの空軍兵器との比較

非攻撃的防衛的でない	中間	非攻撃的防衛的
戦略爆撃機	戦闘爆撃機	地対空ミサイル
長距離弾道ミサイル	ＣＡＳ航空機	無線操縦無人飛行機
ＡＴＢＭｓ	スーピリオリティ戦闘機 ヘリコプター	補助的臨時滑走路

　安価な防衛という経済的必要性だけから見るならば、ヨーロッパと第3世界を比べてみた場合、これらの指針はまさに第3世界に向いているといえるだろう。不要になるタイプの武器は最も高価であることが多い一方、優先度の高い武器は最も安上がりの部類に入る。同様に重要なのは、兵員に要求される資質のレベルがあまり高くないことである。戦闘機パイロットはどこででも不足しがちだが、特に第3世界でそうである。一方、地対空ミサイル（SAM）を操作するためには、簡単な技能と訓練が要るだけである。したがって、一般的に教育レベルの低い国々でも採用しやすい。

　弾道ミサイルは特別な問題を提示するが、長距離攻撃能力を持つ最もコストがかからない兵器として、第3世界諸国の関心を引いている。同時に、「北」側はこれらの弾頭運搬手段の拡散をますます懸念してきているようだ（だが、自分たちがその保有を放棄するというほど差し迫った危機感は感じていないようだ）[31]。その結果、最近になって、（ミサイル技術拡散規制（MTCR）と「反拡散イニシアティブ」の後援のもとで）第3世界への弾道ミサイルの拡散に歯止めをかける相当な努力がなされてきた[32]。

　筆者の意見では、少なくとも通常弾頭の運搬に関する限り、弾道ミサイルの軍事的有用性は過大に評価されすぎてきた。またその論理的帰結として、弾道ミサイルの脅威も過大評価されてきた。弾道ミサイルが運搬できる弾薬の量は非常に限られており、飛行機よりもはるかに劣っていると言うほかない。劣る理由のもう1つは、飛行機は連続して爆撃できるが、弾道ミサイルはそれができないということである。このように考えると、（ペト

リオット=ミサイルに代表される）対戦術弾道ミサイル（ATBM）の能力を追求することは軽率であるといえる[33]。しかし根本的には、弾道ミサイル攻撃の心理的効果（第2次世界大戦中のV2ミサイルの脅威とよく似ているが）のゆえに、非攻撃的防衛の信頼醸成と非挑発の理念は弾道ミサイルを配備することと相容れないのである。

10 海軍における非攻撃的防衛

　冷戦下のヨーロッパ諸国と比べて、第3世界諸国の多くは海からの脅威をより真剣に受け止める理由が十分にある。したがって、非攻撃的防衛と矛盾しない海軍とはどのように編成されるのかについての考察をすることは重要である[34]。

　海軍は特定の地域に配置されるわけでもなく、特定の任務に永続して就くわけでもないので、海軍力には本来的に融通性と多目的性がある。よってマハン Mahan [35] が勧めたように、伝統的に各国は「制海権」の掌握を追求してきたのである。しかしそれは、その排他性のゆえに非攻撃的防衛と矛盾する。すなわち、2つの海軍力が同時に制海権を握ることは不可能であり、したがってその争いは、一方の利は他方の損というゼロサム=ゲームになることが多い。よって「決戦」になる傾向がある。

　非攻撃的防衛に適合した代替案的指針は、一方が、他方の重大な海事的利益を危険にさらすことなく、自分のそれを守れる状況をつくりだすということである。つまり、相互防衛優位の原理が海上で実現することである。これらの「重大な利益」には、まず第1に、海上からの攻撃から領海を含む国家領土を防衛することがあげられる。それは婉曲的に「パワーの投影」と称される[36]。第2に、死活問題に関わるシーレーン、つまり輸送のシーレーン（SLOCs）の防衛がある。

最初の目標は、海上防衛の範囲を確立することにより達成できるだろう。なるべくなら、海上防衛の範囲は他の国家のそれと重ならない方がよい。バルト海またはエーゲ海・アドリア海・カリブ海・南シナ海のような内海では、海上防衛の範囲が重なる可能性が高い。そのような範囲防衛の「最前線」は航空防衛である。航空防衛により、国家はまず最初に、航空母艦やミサイル発射台から放たれる海軍の「遠距離からの脅威」を防ぐことができる。それは、地対空ミサイル（SAMs）と迎撃機の組み合わせを必要とする。第2に、水陸両用車の上陸を阻止することが重要になってくるが、それは上述の役目と同様に航空防衛の主な役目である。第3に、防衛国は水陸両用車やその他の水上船を持つ艦隊の攻撃に対して、前方防衛を敷かなければならない。地雷原は前方防壁の重要な部分をなすが、「海軍版マジノ線」とならないためにもバックアップが必要である。敵の掃海艇などに対する防衛は、魚雷、大砲、対艦攻撃ミサイルを搭載している水上船によって行われるのは当然だが、これらの兵器のほとんどはむしろ陸上の方が「沿岸砲台方式」で配備しやすいのである。移動式発射装置に搭載すれば、これらの兵器を複雑な地形環境の中に隠すことができる。そのような地形環境では、攻撃国がそれらの兵器を見つけ出し破壊することは至難の業である。これらの兵器は、海岸線という好都合な援護物を最も効果的に利用できる小型水上船（パトロール＝ボートなど）を多く配備することによって、補強されるだろう。同様に、潜水艦も利用価値が大きいかもしれないが、それは少なくとも攻撃国が対潜水艦兵器を持たざるを得ない状況をつくりだすという意味においてそうである。

　第2の目標は、地理的にではなく機能的な意味で定義づけされる。それは世界の海（人類の共通財産）のある部分の支配を維持するというレベルの問題ではなくて、固定されていない海路が分断されるのを防ぐというレベルの問題である。それは「防衛的海洋支配」（"defensive sea control"）と呼ばれることもあった。恐らく、これに対する最善のアプローチは、護衛艦による護衛システム（convoy-with-escorts system）である。つまり、主に

フリゲート艦、駆逐艦からなる護衛艦隊が、大規模商用船隊に同行するということである。また、ヘリコプターを搭載した対潜水艦戦用小型空母、そして護衛用の（ディーゼル機関）攻撃型潜水艦が護衛艦隊に含まれることもある。ただ、その組み合わせは輸送シーレーン（SLOCs）への脅威の性質とレベルそして地理的環境によって変わってくる[37]。

表3－4 非攻撃的防御とこれまでの海軍兵器との比較

非攻撃的防衛的でない	中間	非攻撃的防衛的
戦術的爆撃機	弾道ミサイル原子力潜水艦	機雷敷設艦
航空母艦	対地攻撃兵器	地上基地配備の海軍軍用機
ＳＳＮｓ	大型水上船	小型水上船
	水陸両用船	

　第3世界の視点から見ると、そのような海軍の軍態勢は非挑発的であるというであるだけではなく編成可能であるという利点がある。
　もしも非攻撃的防衛が海軍に普遍的に適用されるなら、非攻撃的防衛の基準（特に航空母艦の廃止）に合わせて「北」側の海軍は縮小され再編成されることになり、軍勢力の波及力と国家規模での干渉能力は相当限定されたものとなるであろう。したがってそれは、ランドール・フォースバーグ Randall Forsberg によって提唱されたように、非攻撃的防衛を「非干渉体制」（"non-intervention regime"）と組み合わせることにつながる[38]。

11　市民と軍事の関係

　前述の低い兵力対面積比や厳しい経済的制約の問題は、もちろん兵員の問題も含む。ここでの主な選択は、職業軍隊か徴募兵、市民軍組織、あるいはその組み合わせかということである。

　ヨーロッパの非攻撃的防衛論者のほとんど（すべてではないが）は、徴募兵と市民軍（国防市民軍兵士）の混成に賛成している[39]。それは経済的理由にもよるし、また「民間的要素」は混成軍の攻撃能力を小さくするからでもある。さらに徴募兵力は大きな「余剰兵員の可能性」、つまり大規模攻撃に対する長引く防衛の際に役立つ多くの予備動員を提供する。最後に、常備兵力を比較的小さくすれば、奇襲攻撃能力が抑制されるということも重要な点である。

　しかし第3世界に適用された場合、問題はそれほど簡単ではない。というのは、「スイス＝タイプ」の市民軍制度は総（男性）人口の武装化を意味するが、多くの国にとってそれは災難をもたらすものでしかないからだ。国内武力紛争あるいは総内乱（下記参照）の危険性が高い場合、総人口を武装させることはただ暴力のレベルを上昇させる以外の何物でもない。（よくあることだが）一方だけを武装させれば、抑圧を助長し紛争を永続化させることになる[40]。

　同じ問題は、軍事化を相当加速させる徴募兵の導入についてもいえる。第3世界のほとんどの国々に配備されている職業軍隊は、実は徴募兵隊より小さいのである。というのは、雇用期間を、雇用の効果を失うことなく短くするには限度があるからだ。また今までの経験より、もし必要が出てきたなら（例えば侵略などの場合）、即興的に軍隊を編成することが可能であることは分かっている。しかし職業軍隊の問題の1つは、職業軍隊が、将校たちによってよく行われてきた「独裁」政治の従順な道具と化すことが多いということである[41]。しかし、これは軍隊に対して厳格に政治的監督を

する必要があることを明らかにするだけで、攻撃的兵力か防衛的兵力のどちらを選択すべきかについては何も言っていない。

　この分野では、普遍的に適用できる指針はないのかもしれない。職業軍隊の方が適している国もあれば、徴募兵や市民軍の方が適している国もある。一般的に言って個々の非攻撃的防衛モデルは特有な兵員組織を必要条件とするが、非攻撃的防衛そのものは兵員組織に関しては「はっきりした立場は取らない」のである。

12　国内の脅威

　ヨーロッパの非攻撃的防衛は、国家対国家の脅威に対抗するよう企図された。つまり、他国の軍事攻撃に対して、自国の主権と領土を守るよう企図されたのである。しかし、そのような脅威はヨーロッパにおいてはもはやそれほど深刻ではなく、ヨーロッパ以外のたいていの地域においてはまったくと言ってよいほど深刻ではない[42]。このことから、非攻撃的防衛は不要になったと言う者がいるが、それは次にあげる2つの理由により、言い過ぎである。

　まず第1の理由は、世界のある地域では、国家は互いを非常に深刻な脅威とみなし続けているということである。インド－パキスタンやインド－中国、南－北朝鮮[43]、イスラエル－シリアは顕著な事例の一部にすぎないが、そのような地域では、非攻撃的防衛への転換はまったく適切なことである。

　第2の理由は、国家対国家の脅威はどこかで再び現れるかもしれないということである。特に、武装兵力が大変低いレベルまで縮小された場合、他の国家による脅威は起こりやすくなる。もし征服が簡単で比較的危険が少ない場合、軍事兵力は再び侵略的政治目標に適した手段と化す可能性がある。非攻撃的防衛は、まさにこのことを防ぐのに役に立つのである。

分離主義運動や内乱のような国内紛争を処理することに対して、非攻撃的防衛への転換はどのような効果をもたらすかということについての疑問は依然として残る。言うまでもなく、非攻撃的防衛も他の軍事戦略も、まったく政治的問題であるといえるこうした問題の解決のためには何もすることができない。また非攻撃的防衛へ転換したからといって、武装反乱や他のゲリラ活動を鎮圧するための政府の軍事的手段が大幅に削減されるわけでもない。国家が削減あるいは完全に放棄しなければならない兵器のタイプは、主として対ゲリラ活動戦争には比較的向かないもの、つまり戦車、大型軍艦、戦闘機などである。最後に、国家の防衛能力がしっかりしていれば、近隣諸国は干渉を思いとどまり、国内紛争が国際化する危険は少なくなるであろう。

13　実施方法

　ヨーロッパの非攻撃的防衛議論において論争を引き起こす問題の1つに、意図された変更をどのように実行に移すかということがあった。まったくの一方主義をとり、非攻撃的防衛は非攻撃的なだけではなく、より効果的であり、敵がどのような反応をするかにかかわらず、非攻撃的防衛は効果的であると主張する論者もいた。両サイドが共に非攻撃的防衛に転換する方が、片方だけが非攻撃的防衛に転換するよりも効果的であると指摘する論者もいた。こうした非攻撃的防衛論者の中には軍備管理、とりわけ欧州通常戦力（**CFE**）協議に望みを置いていた者がかなりいた。また、漸進主義的アプローチ、つまり、いわゆる「互恵的一方主義」あるいは「インフォーマル軍備管理」の方を好んだ非攻撃的防衛論者もいた[44]。

　第3世界のほとんどの地域では、その多極的環境のゆえに、欧州通常戦力（**CFE**）協議スタイルの軍備管理は、「誰が誰と何を比べるべきか」がまっ

たく不明瞭であることに困窮するであろう。果たしてモザンビークは、ジンバブエと同数の戦車を持つことが許されるのだろうか、それとも南アフリカと同数の戦車であろうか。中国は、日本、韓国、ベトナム、インド、ロシアのいずれと同数の軍隊を持つべきであろうか。それとも、これらすべての国々の軍隊をひっくるめた数と同数の軍隊を持つべきであろうか。透明性は一般的に低いレベルであり、それがさらに問題を複雑にする。つまり「データ論争」を引き起こし、中部欧州相互均衡兵力削減交渉の参加国を悩ませる。最後に、軍態勢はたいてい非対称的であるので、実際に兵力を同一尺度で比較することは難しいのである。例えば、いったい何台の戦車が1隻の航空母艦に匹敵するだろうか。そして、スカッド＝タイプの弾道ミサイルに「相当するヘリコプター」とはどのようなものであろうか。

　まったくの一方主義については言及すべきことがたくさんあるが、多くの地域において、それは「安全保障マージン」が大きいことを前提条件としている。例えば南アフリカは、今では敵というより友好国となった前線国家（**Frontline States**）に対して全体的に優位に立っているので、自国の武装兵力を一方的に縮小し再編成できる状態にある[45]。しかし、その他の地域では状況はあまり好ましいとはいえず、互恵性の程度いかんにより防衛の再編成がなされるかどうかは決まってくる。

　少なくともすべての当事者が紛争に疲れ、和解を望むようになりさえすれば、地域内の国家の代表レベルによる非公式協議（「予備交渉」）は実行可能なアプローチとなり得るだろう。そのような状況においては、当事者は非対称的「パッケージ協定」を成立させることができるかもしれない。その協定は当事者すべてにとって有益であり、その協定の総合的効果により、すべての国家にとってその地域全体は安全になるであろう。

Notes and References

(1) Singh, Jasjit: "The Indian Experience", in idem & Vakarik(ed.): Non-Provocative Defence. The Search for Equal Security (New Delhi: Lancer, 1989), pp.215-233; Bellamy, Chris: The Evolution of Modern Land Warfare, Theory and Practice (London: Routledge, 1990), pp.209-211. 現在のインドの戦略と軍勢については次の文献を参照のこと。Smith, Chris: India's Ad Hoc Arsenal, Directions or Drif in Defence Policy? (Oxford: Oxford University Press/ SIPRI, 1994).

(2) Hart, Basil Liddell (1967): Strategy. The Indirect Approach, 2nd, revised edition. (New York: Signet Books. 1974). また次の文献を参照のこと。Beaufre, André: Introduction a la Strategie (Paris; Librarlie Armand Collin. 1963); or Luttwak, Edward N.: Strategy. The Logic of War and Peace (Cambridge. MA: Harvard University Press, 1987).

(3) Lawrence, Thomas Edward (1929): "The Lessons of Arabia", in Walter Laqueur (ed.): The Guerilla Reader. A Historical Anthology (London: Wildwood House, 1978), pp.126-138; idem: The Seven Pillars of Wisdom. A Triumph (London: Jonathan Cape, 1935). また次の文献を参照のこと。Beaufre, André: La guerre revolutionnaire. Les nouvelles formes de la guerre (Paris; Fayard. 1972), pp.134-148: Hart, Basil Liddell: T.E. Lawrence- in Arabia and After (London: Faber, 1934)

(4) Mao Tse-Tung (1936): "Problems of Strategy in China's Revolutionary War", in Selected Works of Mao Tse-Tung. vol.1 (Peking: Foreign Languages Press. 1975). pp.179-254, idem (1938): "Problems of Strategy in Guerrilla War Against Japan", ibid. vol.2. pp.79-112; idem (1938): "On Protracted War". ibisd.. pp.113-194; idem (1938): "Problems of War and Strategy", ibid.. pp.219-235: cf. Sun Tzu: The Art of War. Translated by Ralph D. Sawyer (Boulder: Westview Press, 1994): Handel. Miehael I.: Masters of War. Sun Tzu, Cluawqir ns Jomini (London: Grank Caass, 1992). Clausewitz and Jomini (London: Frank Cass, 1992).

(5) Giap, Vo Ngnyen: The Military Art of People's War. Selected Writings of General Vo Nguyen Giap. Edited and With an Introduction by Russell Stetler (New York: Monthly Review Press, 1970). アメリカの失敗の分析については、次の文献を参照のこと。Gibson. James William: The Perfect War. The War We Couldn't Lose and How We Did (New York: Vintage Books. 1988). Monthly Review Press, 1970).

(6) 例えば次の文献を参照のこと。Digby, James: "Precision-Guided Munitions", Adelphi papers. no.118 (1975).

(7) 「ハイテク非攻撃的防衛」の例は次のとおりである．Barnaby. Frank: The Automated Battlefield (New York 1986: The Free Press).また次の文献も参照のこと。Walker. Paul F.: "Emerging Technologies and Conventional Defence", in Frank

Barnaby & Marlies ter Borg (eds.): Emerging Technologies and Military Doctrine. A Political Assessment (London: Macmillan Press. 1986). pp.27-43.

(8) 例として次のような文献がある. Singh, Jasjit & Vatroslav Vekaric (eds.): op, cit. (note 1): Lancer, 1989), UNIDIR (ed.): Nonoffensive Defense. A Global Perspective (New York: Taylor & Francis. 1990); various entries in Møller, Bjørn: The Dictionary of Alternative Defence (Boulder, CO: Lynne Rienner. forthcoming 1994): and idem & Håkan Wiberg (eds.): Non-Offensive Defence for the Twenty-First Century (Boulder: Westview Press, 1994). 非攻撃的防衛を応用する機会をさぐることはまた、筆者のプロジェクトである「地球規模での非攻撃的防衛ネットワーク」("Global Non-Offensive Defence Network")の主な目的である。そのプロジェクトはフォード財団によって財源がまかなわれている。次の地域と国グループに焦点を当てている。南部アフリカ・北東アジア（日本-中国-朝鮮）・南アジア（インド-パキスタン）・中東（イスラエル-パレスチナ-ヨルダン-シリア-エジプト）・南アメリカ（アルゼンチン-ブラジル）・旧ワルシャワ条約国/ソ連。

(9)「準核設定」の概念については、次の文献を参照のこと。Neild, Robert: An Essay on Strategy as it Affects the Achievement of Peace in a Nuclear Setting (London: Macmillan. 1990), pp.46-73「クラウゼヴィッツ主義的戦争」の概念全般についての批評に関しては次の文献を参照のこと。Van Creveld, Martin: The Transformation of War (New York: The Free Press. 1991).

(10) 拡張された核抑止については、次の文献を参照のこと。Huth. Paul K.: Extended Deterrence and the Prevention of War (New Haven: Yale UP, 1988). ヨーロッパにおける通常戦争についての予想は次の文献を参照のこと。Møller, Bjørn: "Is War Impossible in Europe?. A Critique of the Hypothesis of the Totally Destructive Conventional War (TDCW)". Working Papers, no.11 (Copenhagen: Centre for Peace and Conflict Research. 1989).

(11) 信頼醸成措置(CBMs)一般については、例えば次の文献を参照のこと。 Braueh, Hans Günter (ed.): Vertrauensbildende Massnahmen und Europäische Abrüstungskonferenz. Analysen, Dokumente und Vorschläge (Gerlingen: Bleicher Veriag, 1987): Borawski, John (ed.): Avoiding War in the Nuclear Age- Confidence-Building Measures for Crisis Stability (Boulder: Westview Press, 1986): idem: Security for a New Europe. The Vienna Negotiations on Confidence and Security-Building Measures 1989-90. and Beyond (London: Brassey's, 1992). オープン＝スカイズ条約に関しては次の文献を参照のこと。Kokoski, Richard: "The Treaty on Open Skies", SIPRI Yearbook 1993, pp.632-634. 条約それ自体に関しては同書の付録を参照のこと。pp.653-671.

(12) Krohn, Axel: "The Vienna Military Doctrine Seminar". SIPRI Yearbook 1991. pp.501-511; Lachowski, Zdzislaw: "The Second Vienna Seminar on Military Doctrine". SIPRI Yearbook 1992. pp.496-605: cf. Hamm, Manfred R. & Hartmut Pohlman: "Military Strategy and Doctrine: Why They Matter to Conventional Arms

Control". The Washington Quarterly. vol.13. no.1 (Winter 1990). pp.185-198.
(13) 誤認については、次の文献を参照のこと。Jervis. Robert: The Logic of Images in International Relations (Princeton. N.J.: Princeton University Press, 1970); idem: Perception and Misperception in International Politics (Princeton, N. J.: Princeton University Press, 1976). 信頼醸成措置(CBM)としての非攻撃的防衛については、次の文献を参照のこと。Møller, Bjorn, & Håkan Wiberg: "Nicht-offensive Verteidigung als Vertrauensbildende Maßnahme? Probleme und Konzepte". an Schweizerische Friedensstiftung (ed.): Blocküberwindende Vertauensbildung nach: dem europäischen Herbst '89 (Bern: Schweizerische Friedensstiftung, 1990). pp.39-79.
(14) 例えば次の文献を参照のこと。MecGwire. Michael: Perestroika and Soviet National security (Washington. D.C.: Brookings. 1991): Holden. Gerald: Soviet Military Reform, Conventional Disarmament and the Crisis of Militarized Socialism (London: Pluto. 1991): Diehl, Ole: Die Strategiediskussion in der Sowjeiunion, Zum Wandel der sowjettschen Kriegsfürungskonzeption in den achiziger Jahren (Wiesbaden: Deutscher Universitätsverlag. 1993).
(15) Chalmers, Malcolm. Owen Greene, Edward J. Laurance & Herbert Wulf (eds.): Developing the UN Register of Conventional Arms. Bradford Arms Register Studies. no.4 (Bradford: University of Bradford, 1994): Laurance, Edward J., Siemon T. Wezeman & Herbert Wulf: "Arms Watch. SIPRI Report on the First Year of the UN Register of conventional Arms". SIPRI Research Report, no.6 (Oxford: Oxford University Press. 1993): Anthony, Ian: "Assessing the UN Register of Conventional Arms", Survival, vol.35. no.4 (Winter 1993). pp. 113-129.
(16) 例えば次の文献を参照のこと。Altmann, Jörgen & Joseph Rotblat (eds.): Verification of Arms Reductions, Nuclear, Conventional and Chemical (Berlin: Springer Verlag, 1989): Kokoski. Richard & Sergey Koulik (eds.): Verification and Conventional Arms Control. Technological Constrains and Opportunities (Boulder: Westview/SIPRI, 1990).
(17) Ball. Nicole: Security and Economy in the Third World (Princeton: Princeton University Press, 1988).
(18) Møller. Bjørn: Common Security and Nonoffensive Defense, A Neorealist Perspective (Boulder: Lynne Rienner & London: UCL Press, 1992). pp.79-l03.
(19) 経済依存については、例えば次の文献を参照のこと。Emmanuel, Arghiri: L'Éhange Inegal (Paris: Maspero. 1969); Frank, Andre Gunter: Capitalism and Underdevelopment in Latin America (New York: Monthly Review Press, 1969): Galtung, John: "A Structural Theory of Imperialism", Journal of Peace Research, vol.8, no.2 (1971). pp.81-118; Amin, Samir: Le developpment inégal (Paris: Editions du Minult. 1973); idem: L'accumulation a l'échelle mondiale, vols.1-2 (Parts: Editions Anthropos, 1976).
(20) Kaldor. Mary: The Baroque Arsenal (New York: Hill and Wang, 1981).

(21) 輸入代用一般については、次の文献を参照のこと。Isaak, Robert A.: International Political Economy. Managing World Economic Change (Englewood Cliffs: Prentice Hall. 1991). pp.88-91. 22.
(22) 第1・第2・第3層の兵器生産者の興味深い歴史的研究は次の文献を参照のこと。Krause. Keith: Arms and the State: Patterns of Military Productions and Trade (Cambridge: Cambridge University Press, 1992).
(23) このテーマについて、私は次の文献で詳細に説明している。Møller. Bjørn: "Conversion: A Comprehensive Agenda". Working Papers. no.19 (Copenhagen: Centre for Peace and Conflict Research. 1990).この文献ではヨーロッパのことを主に扱っているが、この概念は第3世界に対しての方がより当てはまるのではないかと思われる。
(24) 多極環境における非攻撃的防衛の論理的帰結については、次の文献を参照のこと。Møller, Bjørn: 'What is Defensive Security? Non-offensive Defence and Stability in a Post-Bipolar World', Working Papers. no.10 (Copenhagen: Centre for Peace and Conflict Research, 1992): Huber, Reiner K.: "Military Stability of Multipolar International Systems: An Analysis of Military Potentials in Post-Cold War Europe" (Neubiberg: Institut für Angewandte Systemforschung und Operations Research. Fakultät fue Informatik. Universität der Bundeswehr München. June 1993): idem & Rudolf Aveuhaus: "Problems of Multipolar International Stability", in idem & idem (eds.): International Stability in a Multipolar World: Issues and Models for Analysis (Baden-Baden: Nomos Verlag 1993), pp.11-20. 旧東側ブロックの多極環境の興味深い研究については、次の文献を参照のこと。idem & Otto Schindler: "Military Stability of Multipolar Power Systems: An Analytical Concept for its Assessment, exemplified for the Case of Poland, Byelarus, the Ukraine and Russia". ibid. pp.155-180.
(25) これは、代替安全保障政策国際学会(SAS)の「モデル」の特徴である。例えば次の文献を参照のこと。Studiengruppe Alternative Sicherheitspolitik: Strukturwandel der Verteigung: Entwürfe für eine konsequente Defensive (Opladen: Westdeuischer Verlag. 1984): idem: Vertrauensbildende Verteidigung. Reform deutscher Sicherheitspolitik (Gerlingen: Bleicher Verlag. 1989): Unterseher, Lutz: "Defending Europe: Toward a Stable Conventional Deterrent", in Henry Shue (ed.): Nuclear Deterrence and Moral Restraint. Critical Choices for American Strategy (Cambridge: Cambridge University Press, 1989). pp.293-342; Grin, John & idem: "The Spiderweb Defense", Bulletin of the Atomic Scientists. vol.44. no.7 (August 1988). pp.28-31.
(26) Grin, John: Military-Technological Choices and Political Implications. Command and Control in Established NATO Posture and a Non-Provocative Dofence (Amsterdam: Free University Press. 1990).
(27) 例えば次の文献を参照のこと。SAS & PDA (Project on Defense Alternatives):

Confidence-building Defense. A Comprehensive Approach to Security and Stability in the New Era. Application to the Newly Sovereign States of Europe (Cambridge. MA: PDA, Commonwealth Institute. 1994): Conetta, Carl, Charles Knight & Lutz Unterseher: "Toward Defensive Restructuring in the Middle East", Bulletin of Peace Proposals. vol.22. no.2 (June 1991), pp.115-134: Møller, Bjørn: "Non-Offensive Defence and the Arab-Israeli Conflict", Working Papers, no.7 (Copenhagen: Centre for Peace and Conflict Research, 1994).

(28) Cordesman, Anthony H. & Abraham R. Wagner: The Lessons of Modern War. Volume I: The Arab-Israeli Conflicts, 1973-1989 (Boulder: Westview/London: Mansell. 1990): McCausland, Jeffrey: "The Gulf Conflict: A Military Analysis", Adelphi Papers. no.282 (November 1993).

(29)「空軍における非攻撃的防衛」に関する文献はほとんどない。しかしながら、次の文献を参照のこと。Møller, Bjørn: "Air Power and Non-Offensive Defence. A Preliminary Analysis", Working Papers, no.2 (Copenhagen: Centre for Peace and Conflict Research. 1989); Hagena, Hermann: Tiefflug in Mitteleuropa. Chancen und Risiken offensiver Luftkriegsoperatfonen (Baden-Baden: Nomos Verlag, 1990); idem: "NOD in the Air", in Bjørn Møller & Håkan Wiberg (eds.): Non-Offensive Defence for the Twenty-First Century (Boulder: Westview Press, 1994), pp.85-97; Hatchett, Ron: "Restructuring the Air Farce for Non-Provocative Defence", in Marlies ter Borg & Wim Smit (eds.): Non-provocative Defence as a Principle of Arms Control and its Implications for Assessing Defence Technologies (Amsterdam: Free University Press, 1989). pp.177- 187: Boserup, Anders & Jens Jørn Graabaek: "A Zonal Approach to the Neutralization of Airpower in Europe", in Andes Boserup & Robert Neild (eds.): The Foundations of Defensive Defence (London: Macmillan, 1990), pp.159-165; Jean, Carlo: "Airpower and Conventional Stability", ibid., pp.151-158; Konovalov, Alexander A.: "possible Ways to Stabilize the Balance in Tactical Aviation on the European Continent", ibid., pp.166-170: Bloomgarden, Alan H.: "Low Flying and Conventional Arms Reductions" (Bradford: Department of Peace Studies, University of Bradford. 1990).

(30) Armitage, M. J. & R.A. Mason: Air Power in the Nuclear Age. 1945-82 (London: Macmillan, 1983), p.2.

(31) Carus. W, Seth: "Ballistic Missiles in the Third World. Threat and Response", The Washington Papers, no.146 (New York: Praeger & The Center for Strategic and International Studies. 1990): Nolan. Janne E.,: Trappings of Power. Ballistic Missiles in the Third World (Washington, D.C.: Brookings. 1991): Fetter, Steve: "Ballistic Missiles and Weapons of Mass Destruction: What is the Threat? What Should be Done?", International Security, vol.16. no.1 (Summer 1991). pp.5-42: Navias, Martin: Going Ballistic, The Build-up of Missiles in the Middle East (London: Brassey's. U.K., 1993); Neuneck. Götz & Otfried Ischebeck (eds.): Missile

Proliferation, Missile Defence, and Arms Control (Baden-Baden: Nomos Verlag, 1992).
(32) Burns, Richard Dean (ed.): Encyclopedia of Arms Control and Disarmament. vols.1-3 (New York: Charles Scribner's Sons. 1993). vol-3, pp.1474-1480.
(33) Postol, Theodore A.: "Lessons of the Gulf War Experience with Patriot", International Security, vol.16, no.3 (Winter 1991/92), pp.119-171: Pike, John, Eric Stambler & Chris Bolkcom: "The Role of Land-Based Missile Defense", in Neuneck & Ischebeck (eds.): op.cit (note 31), pp.125- 145: Dumoulin, Andr: "Du syndrome Scud á La renaissance des ATBM". Stratégique, no.5 1/52 (1991). pp.319-344.
(34) Møller, Bjørn: "Restructuring the Naval Forces Towards Non-Offensive Defence", in Borg & Smit (eds.): op.cit. (note 29). pp.189-206; Beserup. Andes: "Maritime Defence without Naval Threat: The Case of the Baltic", in idem & Neild (eds.): op.cit (note 29), pp.179-184: Booth, Ken: "NOD at Sea", in Møller & Wiberg (eds.): op.cit (note 29), pp.98-114.
(35) Mahan, Alfred T.: The Influence of Sea Power Upon History 1660-1783. 5th ed. (1894. Reprint: New York: Dover Publications. 1987): Sprout. Margaret T.: "Mahan: Evangelist of Sea Power", in Edward M. Earle (ed.): Makers of Modern Strategy. Military Thought from Machiavelli to Hitler (1941. Reprint New York: Ateneum. 1970). pp, 415-456: Crowl, Philip A.: "Mahan: The Naval Historian", in Peter Paret (ed.): Makers of Modern Strategy. Military Thought from Machiavelli to the Nuclear Age (Princeton: Princeton university Press. 1986). pp.444-480.
(36) しかし、海軍力はますます陸上戦向きになる傾向がある。それはすでにアメリカ海軍の海洋戦略の根拠の1つとなっている。例えば次の文献を参照のこと。Watkins, James D,: "The Maritime Strategy", U.S. Naval Institute Proceedings. vol.112, no.1 (January 1986), pp.2-17: Friedman, Norman: The US Maritime Strategy (London: Jane's. 1988): Brooks. Linton F.: "Naval Power and National Security. The Case for the Maritime Strategy", in Steven E. Miller & Stephen van Evera (eds.): Naval Strategy and National Security. An International Security Reader, (Princeton N.J.: Princeton University Press. 1988), pp.16-46. 批評については、次の文献を参照のこと。Mearsheimer, John J.: "A Strategic Misstep: The Maritime Strategy and Deterrence in Europe", ibid., pp.47-101. ポスト冷戦期においては、アメリカ海軍は陸上戦をさらにはっきりと打ち出した新しい指針を採用した。例えば次の文献を参照のこと。From the Sea. Preparing the Naval Service for the 21st Century (US Navy, September 1992). 「海軍が予測できる将来について気にかけていることは、陸を支配することであり、海を支配することではない」と言う分析家もいる。次の文献を参照のこと。Breemer. Jan S.: "Naval Strategy Is Dead", US Naval Institute Proceedings, vol.120. no.2 (February 1994). pp.49-53.
(37) 例えば次の文献を参照のこと。Grove. Eric: The Future of Sea Power (London: Routledge. 1990).

(38) Forsberg, Randall: "The Case for a Third-World Nonintervention Regime", (Brookline. MA.: IDDS, 1987). Manuscript: idem: "Toward a Nonaggressive World", Bulletin of the Atomic Scientists. vol.44. no.7 (September 1988), pp.49-55; Evera. Stephen W. Van: 'Wars of Intervention: Why They Shouldn't Have a Future, Why They Do'. Defense and Disarmament Alternatives. vol.3. no.3 (1990). pp.l-3.干渉一般に関しては、次の文献を参照のこと。Connaughton. Richard: Military Intervention in the 1990s. A New Logic of War (London: Routledge. 1992): Schraeder, Peter J. (ed.): Intervention into the 1990s. U.S. Foreign Policy in the Third World, 2nd Edition (Boulder: Lynne Rienner. 1992).

(39) 例えば次の文献を参照のこと。Löser, Joehen: Weder rot noch tot. Überleben ohne Atomkrieg. Eine Sicherheitspolitische Alternative (München: Günter Olzog Verlag, 1982); Bülow. Andreas von: "Vorschlag für eine Bundeswehrstruktur der 90er Jahre. Auf dem Weg zur konventionellen Stabilität", in idem, Helmut Funk & Albrecht A.C. von Møler: Sicherhelt für Europa (Koblenz: Bernard & Graefe Verlag. 1988), pp.95-110.また次の文献も参照のこと。Bald. Detlef (ed.): Militz als Vorbild? Zum Reservistenkonzept der Bundeswehr (Baden-Baden: Nomos Verlag. 1987); idem & Paul Klein (eds.): Wehrstruktur der neunziger Jahre. Reservistenarmee. Miliz oder ...? (Baden-Baden: Nomos, 1988).

(40) 多民族国家に合うように非攻撃的防衛軍勢を改良する試みについては、次の文献を参照のこと。SAS & PDA: op.cit (note 27). pp.101-l08. ユーゴスラビアについては、例えば次の文献を参照のこと。Bebler. Anton A.: "The Yugoslav People's Amy and the Fragmentation of a Nation", Military Review;. vol.73. no.8 (August 1993). pp.38-5l; Gow, James: Legitimacy and the Military. The Yugoslav Crisis (London: Pinter, 1992).

(41) 中心的な研究には次のようなものがある。Samuel Huntington: The Soldier and the State. The Theory and Politics of Civil-Military Relations (Cambridge, MA: Harvard University Press. 1957): idem: The Third Wave. Democratization in the Late Twentieth Century (Norma: University of Oklahoma Press. 1993): Finer, Samuel E.: The Man on Horseback. The Rote of the Military in Politics (Harmondsworth: Penguin. 1976). また次の文献も参照のこと。Nichols. Thomas M,: The Sacred Cause. Civil-Military Conflict Over Soviet National Security. 1917-1992 (Ithaca: Cornell University Press, 1993), Snyder, Jack: "Averting Anarchy in the New Europe", International Security, vol.14, no.4 (Spring 1990). pp. 6-41.

(42) Job. Brian L. (ed.): The Insecurity Dilemma. National Security of Third World Slates (Boulder: Lynne Rienner, 1992).

(43) Wiberg. Håkan: "Nonoffensive Defence and the Korean Peninsula". in UNIDIR (eds.): op.cit. (note 8). pp.132-142. また次の文献も参照のこと。Kwak, Tae-Hwan: "Current Issues in Inter-Korean Arms Control and Disarmament Talks", The Korean Journal of National Unification. no.2 (1993). pp.177-206; Lee. C.M.: "The

Future of Arms Control in the Korean Peninsula". Washington Quarterly. vol.14. no.3 (Summer 1991), pp, 181-197: Harrison. Selig S.: "A Chance for Détente in Korea", World Policy Journal. vol.8, no.4 (Fall 1991). pp.599-631: Wendt. James C.: 'Conventional Arms Control for Korea: a Proposed Approach'. Survival, vol.34, no.4 (Winter 1992), pp.108-124: Shim. Jae-Kwon 1991: "A Korean Nuclear-Free Zone: A Perspective". Working Paper. no.110 (Canberra: Peace Research Centre, ANU. 1991): Mack, Andrew: "Nuclear Issues and Arms Control on the Korean Peninsula". ibid. no.96, 1991.

(44) 一方主義的アプローチが非常にラディカルに表現されているのは、次の文献である。Neild. Robert; "The Case Against Arms Negotiations and for a Reconsideration of Strategy". in Hylke Tromp (ed.): War in Europe. Nuclear and Conventional Perspectives (Aldershot: Gower. 1989). pp.119-140.後者のアプローチに関しては、次の文献を参照のこと。George, Alexander L.: "Strategies for Facilitating Cooperation, in idem. Philip J, Farley & Alexander Dallin (eds.): U.S.-Soviet Security Cooperation. Achievements, Failures, Lessons (New York: Oxford University Press. 1988). pp.692-711: Johansen. Robert C.: "Unilateral Initiatives", in Burns (ed.): op.cit., vol.1. pp.507-519: Bennett Ramberg (ed.): Arms Control Without Negotiation. From the Cold War to the New World Order (Boulder, CO: Lynne Rienner. 1993).

(45) 例えば、次の拙稿を参照のこと。"Non-offensive Defence and Southern Africa". forthcoming in Strategic Review for Southern Africa; and his "The Concept of Non-Offensive Defence. Implications for Developing Countries, with Specific Reference to Southern Africa", paper for the Sir Pierre Van Ryneveld Air Power Conference. Pretoria. South Africa, 3 August 1994.

第4章

Barry Buzan: バリー・ブザン

日本の防衛問題

この章では、ポスト冷戦期における日本の防衛問題の概観を試みることにする。そのためのアプローチは、日本の防衛政策と認識をつくり上げてきた歴史的遺産を広い視点から見直し、日本が現在置かれている新しい安全保障環境に適合するかどうか評価することである。この本は非攻撃的防衛に焦点を当てているので、この概説は軍事そして政治問題を集中的に扱うことにする。そのため、非攻撃的防衛と強い関わりのない経済的・社会的・環境的安全保障についての問題は割愛させてもらうこととする。第1節では、島国であることから生じる日本の安全保障の地政学的問題を考察する。第2節では、きわめて重要な歴史的考察について分析する。特に、大国としての日本の地位と、日本の近隣諸国との歴史的関係の状況について分析する。第3節では、冷戦期における日本のポジションを見る。つまり、第2次世界大戦における敗北という遺産が、中国・ソビエトという大国に対するアメリカの前線同盟国としてのしかかる要求と、どのように混ざり合っていったかを調べる。第4節では、冷戦の終わりによってもたらされた日本の安全保障環境のこれまでの変化、そしてこれから起こり得る変化を概観する。日本とアメリカそして東アジア・国際システム全体との関係に焦点を当て、そして最後に日本とそれ自身との関係について見ることにする。第5節では、ポスト冷戦期における日本の防衛・安全保障政策に必要な事項を考えてみる。

1　戦略的ポジション

日本は島国なので、陸地で他国と国境を接する国と比べ、侵略の脅威が少ない。島国は、軍事的占領の脅威に対して比較的防衛しやすい。この一見単純な事実が意味するものは、日本はイギリスやアメリカと根本的な戦略的類似点を共有するということである。このことがとりわけ意味するこ

とは、大陸国家にとってはとうてい無理な「孤立政策」が、時として効力のある安全保障政策となり得たということである。どちらかというとアメリカというよりはイギリスのように、日本は人口の密な産業社会であり、比較的面積が狭く、資源が少ない国土を保有する。産業化以来、日本は経済的自給自足の道を選ばなかった。国の安全保障は、貿易の流れを維持することに依存してきた。貿易への依存は、島国であることの悪い面、つまり海上封鎖に対しての弱さを増大させる。日本が第2次世界大戦中に経験したように、強力な海軍あるいは空軍に敵対した場合、島国は封鎖される恐れがある。他のすべての国と同様に、日本は長距離爆撃に対して弱い。多くの人口が少数の集合都市に集中しているので、日本は核兵器攻撃に対して特に弱い。核兵器によって攻撃された唯一の国であるという経験がさらに心理的影響を与えるのかもしれないが、この状況は、核兵器を保有している無情な近隣諸国の脅しに対して日本を弱くするものであるかもしれない。

　島国であるということは、地域の安全保障ダイナミックスにある程度まで無関係でいられることを意味する。イギリスやアメリカのように、地域からそして世界からの「贅沢な孤立」にふけることができる。しかしその2つのアングロサクソン大国のように、近隣諸国の間の力関係にまったく無関心でいることはできない。イギリスのように、日本は大陸の近隣諸国が分裂するという状況を望み、1つの大国が地域を威圧するという状況を心配する。このロジックは、東アジア地域の国際関係の現実的想定を前提としており、西ヨーロッパのように諸国家が安全保障共同体にまで発展した地域には当てはまらない。東アジアの地域関係は、安全保障共同体というよりはパワー＝ポリティックスの現実的モデルにずっと近い（ブザン Buzan and シーガル Segal, 1994）。

2 歴史的考察

　日本の戦略的ポジションの重要性は、歴史的状況によって変わってくる。地球的な視点から見ると、日本はアメリカと同様に、約1世紀の間大国の地位にいる。日本が1895年に中国を、そして1904年から1905年にかけてロシアを破ったことは、国際関係の主要集団に新しいプレーヤーが登場したことを告げた。ドイツと同じように、第2次世界大戦における敗北は日本の大国としての地位に影を投げかけたが、この敗北は日本の産業力の基礎を20年間危うくしたにすぎない。敗北による政治への悪い影響（国際的リーダーとして国家の役割を十分演じられることに関して）は長期に及んだが、それも今終わりを迎えている。重要な点は、産業・経済力の長期的な現実が日本を大国にしていることを理解することだ。特に第2次世界大戦後の状況が歴史観や今日の認識を支配しているが、それはこの根底に流れるより大きな現実の一時的な流れの変化でしかない。

　地域的な見地からすると、日本のポジションはアメリカと非常に類似している。東アジアにおける日本の歴史は、ラテン＝アメリカとの関係におけるアメリカ合衆国の歴史と似通っている。大雑把に言えば、（政治的・経済的・軍事的に）比較的力の弱い植民地あるいは半植民地国・前植民地国からなる地域で、両国とも産業・軍事大国として発展してきた。19世紀に、日本とアメリカは両国とも地球規模の周縁（ペリヘリー）から中核（コア）にはっきりと脱皮したが、近隣諸国は周縁にとどまったままであった。その経済力・政治力・軍事力の格差のため、両国とも地域の盟主（ヘゲモン）になった。たとえ望んだとしても、近隣の国際的環境を支配することを避けることはできなかったであろう。事実、両国とも領土拡張の機会に乗じた。ヨーロッパの大国による植民地の人々への賦課は、後にその地域で脅威となった両国によって続けられ、両国とも横柄な軍事介入と利己主義的経済支配で地域に悪名をとどろかせた。やや違った方法で、そし

てまた別の要因が働いているが、イスラエルや南アフリカも同様な現象を呈した。つまり、一国家とその近隣諸国との間の国力の大きなアンバランスをもたらす開発の格差の現象である。

　この地域ヘゲモニーの歴史的文脈のなかで、日本とその近隣諸国の関係を考察する必要がある。日本の優越は、早期からの産業化が基盤であった。アメリカと同様に、近隣諸国との力のアンバランスは、愛憎の関係を引き起こしたといえる。つまり称賛・競争心を引き起こした一方、嫉妬そして恐怖・反感をも引き起こした。日本が、アメリカよりもうまくこの難しい問題を扱えると考える理由はどこにもない。しかし今、他の東アジアの国の多くは産業化の波にうまく乗り始めている。日本は、20世紀前半に握っていた地域支配の地位に再びつくことは決してないであろう。技術と増大した資本のため、日本はしばらくの間は比較的優位な経済力を維持できるかもしれない。しかしイギリスの歴史的類例から分かることは、近隣の後発産業発展諸国が最終的には（時によっては期待したよりはやく）初期のリーダーに追いつき、追い越すのである。1895年から1945年まで日本がアジアを軍事的・政治的に支配したようなたぐいのことを再び主張することは、もはやできないのである。近隣諸国は通常軍事力そして核軍事力の両方の分野において格段に強力になっており、日本のポストモダン社会は軍事攻撃のためにその武力を誇示することはもはやないであろう。

　歴史を見るときにもう1つ考えなければならないのは、日本の安全保障政策は極端に走る傾向があるということだ。日本は、いまだかつて「正常な」外交・安全保障政策をほとんど持ったことがないといえよう。代わりに、立て続けに極端な政策をとってきた。最初の極端な政策は、19世紀半ばまで続いた徳川時代のほとんど完全な孤立主義政策であった。第2は、19世紀後半から1945年までの狂暴な帝国主義時代である。第3は、1945年以来の平和主義そして不戦主義・軍事依存の時代である。そのような中で、日本はアメリカに依存し、ほとんどの防衛と事実上すべての核抑止力をアメリカによって提供された。その過程で、日本は大国としての地位を意識的

に目立たなくした。極端な外交・安全保障政策に走る傾向があることは、再びアメリカと類比することができる（第1次世界大戦中に始まり1941年まで続いた孤立主義・冷戦期における超大国として世界規模での兵力の展開）。

この両国は、世界とよりバランスのとれた関係のパターンを模索するときにきているのではないだろうか。大国として、自国の利益の追求と、国際秩序の維持・強化に対する十分な配慮を結びつけていく必要がある。ヘドリー・ブル Hedley Bull は次のように言っている。

「……大国というのは、他国によってある特別の権利と義務を持っていると認められ、そして自国のリーダーと国民によってその権利と義務を持っていると自覚されている国である。例えば、大国は、国際システム全体の平和と安全保障に影響を及ぼす問題を解決するために、その権利を主張し、そしてその権利が授与されるのである。大国は義務を受け入れ、他国からもその義務を持っているとみ見なされる。義務とは、大国が負っている管理者としての責任を果たすために、自国の政策を修正することである。」（ブル Bull, 1977, 202）

3 冷戦における日本のポジション：不履行による非攻撃的防衛

上述の一般的状況にもかかわらず、日本の現在の安全保障政策とポジションは第2次世界大戦と冷戦の両方に今でも強く影響されていることはいうまでもない。第2次世界大戦における敗戦により、日本は非武装化され、アメリカへの依存がなされた。武装解除と憲法の戦争放棄条項（第9条）の両方により、非武装化を押しつけられたが、日本はそれを取り入れ自分のものとした。それは小規模で非常に制約の多い自衛隊の形で制度化されただけではなく、事実上日本が一貫し独立した外交・安全保障政策を実行する

ことを不可能にした政治協定によっても制度化された（ヴァン・ウォルフレン van Wolferen, 1989）。言い換えれば、軍国主義的領土拡張主義の極端から平和主義・依存主義の極端への急激で全面的な転換があったのである。第2次世界大戦のもう1つの遺産は、地域で肩身の狭いことである（ブザン Buzan, 1988）。アジアの近隣諸国のすべてが、日本の残虐で人種差別的な帝国主義をはっきりと記憶している。この記憶は特に中国と韓国で根強く残っている。これらの国は日本に最も近く、日本の占領を最も長くそして最大の苦しみをもって経験した。この痛ましい記憶は、ヨーロッパの帝国主義をアジアから追い出した日本の功績を無効にした。戦争中日本がほとんど戦うことがなかった1つの近隣諸国、つまりソビエト連邦は、日本を最後に裏切り、19世紀後半にさかのぼる古い領土争いに再び火をつけるために日本の敗北を利用した。日本は、帝国主義時代に各国に与えた苦痛を償いきれていない。50年に及ぶ軍事的・政治的柔弱化にもかかわらず、ほとんどの近隣諸国から疑いの目でそして時には敵意を持って日本は見られる。地域で日本の経済的影響力は最も大きいが、政治的リーダーや軍事大国としては受け入れられていない。近隣諸国がいまだに持ち続けているこの拒絶反応は、現行の日本の軍事・政治制度の弱さによってますます激しくなっている。

　冷戦における日本の役割は、第2次世界大戦のこうした遺産の上に建てられたものである。西側と共産圏の間の衝突の前線における「不沈空母」としてまったくむき出しのポジションにもかかわらず、日本は冷戦期に不思議な形で極めて安全な地位を享受した。実際には、起こり得るソビエトの攻撃に対する自己防衛の弱さと、アメリカの基地を持つことから生じる挑発にもかかわらず、日本は冷戦の台風の穏やかな目の中にいたのである。ソビエト連邦そしてアメリカ、中国の間の3つどもえの勢力争いは、すべて日本の周り、すなわち最初は韓国で、そして台湾とベトナムで荒れ狂った。分裂した朝鮮と分裂した中国の不安定な状況は、すぐ隣で長期にわたり続いている。しかしこのうちのどれ1つとして、日本の平和を実際に乱すこと

はなかった。部分的には、この平和はアメリカによって守られていることによる。しかしかなりの部分において、勢力均衡（バランス＝オブ＝パワー）の当然の結果と見ることができる。つまり中国とソビエトの不和によって、主な脅威は敵対する相手に向けられ、脅威の分散が起きたのである。外部勢力が日本という重要な産業社会を脅かすことは、敵対する勢力をも刺激することにもなり、実際にはできなかったのである。したがって、日本は対立する強大な勢力によって取り囲まれていたが、これらの勢力はお互いに相殺されることが多く、日本はパラドキシカルにも冷戦の最も大きい3つの対立（アメリカ－ソ連、アメリカ－中国、ソ連－中国）の真ん中で悠々閑々と座していたのだ。日本の安全保障がこのように固有な要因によってもたらされてきたことは、アメリカの日本に対する安全保障条約が、ＮＡＴＯのコンテクストで繰り返し疑問視されたようには、決して異議を唱えられることはなかったことによっても分かる。

　冷戦期の日本の安全保障政策を規定したアメリカへの特別な依存関係を説明する前に、第2次世界大戦からの遺産と深い関わりのあるこの歴史的文脈をまず捉えておくことが必要だろう。日米安保の規定はきわめて不公平なものである。それは、アメリカは日本を防衛するが、日本の側に相互的義務がないというものである。そのような釣り合いがとれていない協定は、アメリカの占領が終わってすぐの何年かは意味をなしていたが、日本が復興し経済超大国に成長するにつれてだんだん状況に合わなくなってきた。いくつかの要因が重なって、この不平等なパートナーシップは現在も維持されている。日本に対する重大な脅威がなかったことは、軍事的安全保障の問題をある程度まで無視できたことを意味する。日本国内で軍国主義から平和主義への大転換がなされたので、安全保障政策を変更すれば戦後の政治的コンセンサスを大きく乱すことになり、基本路線を変更することはできなかった。低い軍事支出は経済復興・開発に役に立った。日本を軍事的に骨抜きにすることは近隣諸国によっても歓迎され、またアメリカは日本を服従させる権力とリーダーシップに得意になったのである。冷戦が続

いた間、取り巻く状況と利害関係がこのように強力に組み合わさることにより、日本は異例な役割を演じ続けた。

　冷戦における日本の安全保障政策は、不履行による非攻撃的防衛の一種とみなすことができる。憲法第9条にしたがって、武装兵力は他国を攻撃または侵略できないような形で配備された。自衛隊の目的は、領土防衛と、近接する海域・空域の監視と管理である。長距離攻撃航空機あるいは航空輸送・海上輸送能力、空母、長距離ミサイルを保有しない。ここにはっきりとした意図が見える。それはこのような装備であれば、近隣諸国は日本からの軍事的脅威を感じることが少なくなるということである（そして国内的に日本国民の平和主義的要求を満たすことにもなる）。いろいろな点で非攻撃的防衛のようだが、これは本当の非攻撃的防衛政策ではなかった。いかなる一貫した防衛戦略あるいは軍事理念もその背後にはないからである。もっと深刻なことには、日本の安全保障政策は、核抑止と通常兵力防衛の両面においてアメリカに重く依存したままであったことだ。それにより日本は、アメリカの前線防衛と長距離攻撃能力重視の、まったく非攻撃的防衛的でない戦略に加担することになった。アメリカの基地は日本に残ったままであり、通常は非攻撃的防衛戦略の一部分である防衛の自立に向けてほとんど努力が払われなかった。

　日本にとって冷戦が好都合であったことは疑いがない。ヨーロッパと同様に、日本は経済成長と政治的・軍事的保護が続く期間を享受した。実は、ほとんどすべての点について、日本はヨーロッパより有利に位置していたのである。日本は、侵略あるいは核爆撃の脅威にあまりさらされることがなく、軍事費の負担をそれほど負うこともなく、海外の問題に自分自身が政治的・軍事的に立ち向かうよう要請されることもなかった。しかし、わがままな依存状態の幸せな時期の後には、必ずつけが回ってくるのである。最も顕著なのは、日本が、ポスト冷戦世界の必要に直面する準備ができていなかったことである。

4 冷戦の終焉とその結果

　1989年から1992年にかけての冷戦の劇的な終結は、日本の安全保障のポジションに影響を与えてきた前提のいくつかを急激に変えた。いろいろな点で、状況はめざましく良くなってきている。ソビエト連邦の崩壊により、主要な政治的・軍事的脅威は取り除かれた。ソビエトの軍事パワーはもはや日本を威嚇することなく、ソ連の崩壊により、日本が西側の要塞の役割を果たしていたあたりの前線の大幅な武装解除が行われた。しかし、日本を取り囲んでいた冷戦期の強大な敵対国は、ほとんど消滅したか撤退したかのどちらかであったが、だからといって日本は以前より脅威を受けてないというわけでは必ずしもない。不思議な形で、実はこれらの争いの枠組みは日本を守ったのである。現在、ある意味では、半世紀の間日本がぬくぬくと生かさせてもらった台風の目は吹き飛んでしまったのである。これによって日本は、ポスト冷戦期の新しい混乱と、以前の歴史から今でも引きずっている未解決の問題の両方に直面することになる。

　日本の外的安全保障環境のこれらの急激な変化にもかかわらず、日本の過去の歴史、つまり冷戦そして第2次世界大戦の終結時からの遺産は、今でも尾を引いている。すべての近隣諸国との政治的関係は、今でもうまくいっていない。帝国主義時代から引きずっている近隣諸国からの疑念のほかに、日本は、（数々の小さい島々をめぐっての）未解決の領土問題が中国（台湾）そして韓国・ロシアとの間である。国内的には、国民は平和主義の立場を取り続けており、その政治制度は、欧州連合のそれと同じように弱体で、一貫した信頼できる外交・安全保障政策を今でも実施できないでいる。アメリカとの不平等条約は今でも実施されている。しかし、その条約が取り決められた状況は今はもはや存在せず、それを支持した冷戦の論理も妥当性を失った。ここで問うべき疑問は、これらの遺産はポスト冷戦期の新しい状況の中でどれだけ持続性を持つかである。この疑問に答えるた

めに鍵となる4つの問題がある。その4つの問題とは、日本とアメリカ・東アジア・国際システム全体・日本自身との関係である。

(1) 日本のアメリカとの関係

　恐らく、これらの問題の中で最も不確実で論争の的になっているのは、日本のアメリカとの関係が、冷戦中に羽織った服を続けて着られるかどうかということである。その問題には両国が深く関わっており、一方の国の協力なしには、どちらの国も既存の制度を安全に変更したり、維持することはできないのである。変更か維持かについて、それぞれに強い論拠がある。

　変更が不可避であるとする立場は、日本よりはアメリカに当てはまる。少数の失望した保守主義者を除けば、日本は冷戦関係の大きな受益者であった。莫大な防衛的軍事援助と、経済成長と政治的非関与を楽しむ権利の両方を得た。日本人の多くは、当然これらの恩恵を受け続けたいと願っている。それを失えば、日本が過去50年間自国のためそして近隣諸国との関係において作ってきた国内の政治的・社会的枠組み全体に、強烈な圧力がかかることになる。冷戦中アメリカは、従順な同盟大国、アメリカ軍の前線基地、それらの基地を支援するための日本からの補助金、アメリカの兵器の信頼できる買い手という恩恵を受けた。しかしポスト冷戦期に、アメリカがこれらの利点に以前と同じように価値を置き続けるかははっきりしない。

　アメリカ人の多くは、残存している軍事的脅威と同様に、少なくとも日本を経済的ライバルとして懸念している。冷戦の終焉に伴って、アメリカの安全保障に関する視点は、軍事分野から経済分野へと著しくシフトしてきている。アメリカの海外での交戦を促す地球規模での十字軍というものはない。クリントン政権の選挙は、アメリカの歴史的伝統の主流である孤立主義的そして利己主義的で慎重な外交政策へ回帰することをはっきりと主張した。アメリカでの対日感情は悪化している。デービッド・キャンベ

ル David Campbell（1992, 8章）は、対日感情は、日本のような集団的社会に対するアメリカの自己アイデンティティーに刻み込まれた深い敵意を反映していると議論している。これらすべての理由のために、アメリカがより普通の大国になり、その経済的支配力も減退している中で、なぜアメリカが日本との不平等な関係を支持し続けなければならないのかという疑問が出てくる。したがって経済・政治ロジックからすると、日本のアメリカとの既存の関係は持続しないと推察されるのである。そして、日本が自分の面倒を見るようになり、自国の利益と資源の規模に見合った大国としての役割を国際システムの中で果たしていくだけではなく、またそのために自腹を切っていくための好機であると考えられるのである。

　しかし別の見方からすると、アメリカと日本の不思議な関係は持続するかもしれないと予測されるのである。日本の側にしてみれば、変更への強い圧力や大国が通常果たす役割を担うという大きな願望はなく、アメリカへの一方的な依存に対する屈辱感もあまりない。日本とアメリカは両方とも、直接の政治的・軍事的政策の相違を、経済競争の緊張に絡み合わせてくることはおそらくしないであろう。両国とも、分業の枠組みを作っていくことに関心が一致するかもしれない。つまり、アメリカが主に軍事面を担い、日本がGDPから相当する部分を国際援助や国連への支援などにささげるのである。そのような取引は可能かもしれないが、しかし日本がその規模の政治的・経済的負担を今すぐ引き受けられるかについては明言できない。たとえそれができたとしても、アメリカが、日本の政治的・経済的影響力の増強に対してどれだけうまく対処できるかは定かではない。1960年代と1970年代に、アメリカは原則的にはソ連と軍事的に同等であることを受け入れる準備ができていた。しかし、実際にソ連が軍事的に同等になったとき、アメリカにとって実はそれは受け入れ難く、1980年代には軍事的優位を再び唱え始めた。日本は、アメリカのこの行動より学ぶところがあるかもしれない。

　アメリカの側にしてみれば、防衛費を削減し、世界の問題に対してあま

り責任を負いたくないという極めて明確な願望にもかかわらず、日本との既存の安全保障関係を維持する理由がいくつかある。基地は今でも役に立っており、基地に対する日本の補助金は相当な額であり、日本に対する兵器の輸出はアメリカの貿易赤字の埋め合わせに役に立っている。より独立した日本は、兵器輸出や政治的影響力においてアメリカの競争相手になる可能性がある。むろんアメリカは、経済的ライバルに対して軍事的優位を維持するであろうし、日本の保護のもとに大きな権力を持てる特権を手放さないであろう。日本が威嚇されることがなければ、アメリカが日本を守ることは犠牲や危険を伴わない。日本からすると、日米関係は保証の実質がなく、もし日本が地域の近隣諸国との間にトラブルを持ったときに何の役にも立たない可能性もあることを意味している。東アジア諸国が地域の安全保障関係を整理することに対してアメリカは手助けをし続けるつもりがあるのか、また特に日本の東アジア諸国に対する歴史的脅威をアメリカは代わって軽減し続けるつもりがあるのか定かではない。アジア諸国全体に対して勢力を獲得するための安上がりな方法であるから、アメリカにはそれに興味があるかもしれない。しかし一方では、アジア諸国間の緊張が高まることは経済競争の熱を冷ますよい薬であると、アメリカは計算することもできるのである。

(2) 日本の東アジアとの関係

冷戦が終焉すると、日本は近隣諸国との歴史的に居心地の悪い関係に直面することになった。この歴史は未解決のまま残され、表から裏へ押しやられていた。それは冷戦対立の方が直接的影響力を持ち、地域におけるアメリカの圧倒的なプレゼンスがあったためである。ポスト冷戦期に、外的勢力による地域への強力な介入がない中で、東アジアの国家と社会は近代的な地域関係を確立するという作業に初めて直面することとなった。これはいまだかつて起きたことがなかったのである。1850年以前、この地域には近代国家は存在しなかった（例外としてロシアはかろうじて近代国家と

呼べたが)。日本は鎖国政策をとっていたし、中国は伝統的に皇帝が支配していた。1980年以降、西欧の大国は東アジア地域の大部分を分割した。日本は近代国家として頭角を現し、すぐに西欧の領土拡張ゲームに参加していった。しかし1945年までは、東アジアを支配していたのは主に西欧の植民地主義大国であった。中国は内乱によってほとんど分裂してしまっており、せいぜい非常に弱々しい形の近代国家でしかなかった。第2次世界大戦後、植民地からの独立により、東アジア地域で近代化国家の受け入れ体制が整い、中国における共産党の勝利はいにしえの帝国を近代国家にならしめた。しかし近代的政治形態に変わったといっても、東アジア地域は冷戦にしっかりと束縛されており、外部の2つの超大国の間の対立によって地域の国際関係は固定化された。冷戦が終わった今になってやっと、地域の政治的関係を左右する強力な外的影響を受けることなく、東アジア地域の国家は自分たちで物事を決める機会とリスクに直面している。

このプロセスを支える歴史的流れには、あまり期待できないようである(ブザン Buzan and シーガル Segal,1994)。歴史上のいろいろな時期において、地域は、多くの領土紛争・地位闘争・恐怖・憎悪を経験し、現代東アジア諸国とその国民もそれらを引きずっている。事実、この地域内で近接する2つの国家の間に深刻な未解決の問題がないことはまずあり得ない。地域は文化的遺産を共有しておらず、国際協力の伝統もない。冷戦がこの地域に残したものといえば、2つに分裂した国々、つまり朝鮮と中国、多くの核保有国と準核保有国、そしてアフリカ・中東・アジアの別の地域とさえ比べても不十分としか言いようがない地域組織である。いくつかの点で、現代東アジアは19世紀のヨーロッパと非常によく似ている。互いに非常に近距離に強力な国家がひしめき合っている。これらの国家のほとんどは急激に産業化してきており、産業化の初期から後期までのすべての時期に分散している。経済ダイナミズムが意味するところは、国内政治が安定していない状況で、地域における絶対的そして相対的な力のレベルが急速に変化するということである。ナショナリズムはほとんどの国において強く、

お互いに対立に陥ってしまいやすい未解決の問題には事欠かない。巨大で急速に産業化している国、つまり中国は、地域の真ん中に座している。それにより、そのすべての近隣諸国は居心地悪く感じている。現代中国はまさに、19世紀後半のヨーロッパにおけるドイツのようだ。

　この類比をあまり強く主張すべきではないが、言わんとすることは、東アジアが最初に近代的国際関係を経験することは幸先のいいことばかりではないということだ。バーガー Berger（1993）が言及したように、東アジアでは、西欧が主張しているようには戦争はなくならないであろう（戦争に代わって民主主義・相互依存・制度が出現すると西欧は主張している）。東アジアの未来は、敵対関係、軍備競争、伝統的な勢力均衡行動によって特徴づけられるものとなる可能性が高い。19世紀のヨーロッパと違って、現代東アジアの勢力均衡システムでは、核兵器の恐怖によってだけでも、超大国同士の戦争は起こりにくい。さらに経済繁栄を台無しにすることを恐れ、そして経済の相互依存について知っているので、大規模な戦争を起こす衝動は抑えられるだろう。しかし、経済力が東アジア内の深い分裂を克服できるとは思えない。

　日本は、完全に西洋文化に帰依することなく近代化を進めたアジアのモデルとしての地位はある。しかし、中国にしても日本にしても、地域のリーダーとしては受け入れられない。そして欧州共同体のような地域統合を建て上げる基礎はほとんど何もないのである。貿易と投資のパターンから見ると確かに東アジアには地域的経済統合はあるが、このローカルな発展は、太平洋を挟んでの、そして世界経済の他の部分との強いつながりに圧倒されている（ブッシュ Busch およびミルナー Milner, 1994; グラント Grant, パパダキス Papadakis およびリチャードソン Richardson, 1993）。もし、何人かの研究者（ウォーラステイン Wallerstein, 1993; コックス Cox, 1994）が予測している世界経済の大きな危機が到来すると、しっかりした地域的経済・政治協定がすでに実施されているヨーロッパや北米に比べて、東アジアは不利な立場に立たされる。政治的に分裂しているので、東アジ

アは北米やヨーロッパにおけるこのような発展をそのまま真似することはできないであろう。さらに悪いことには、政治的分裂のため、東アジアは再び外部からの分割・支配する戦略に対して弱くなることはないにしても、少なくとも他国が自分の利益のために地域内分裂を利用することに対しては抵抗力を持たないであろう。国際経済の大きな危機はどんなものでも、内側・外側と四方八方からの強力な政治的圧力に対して東アジアの脆弱性をさらし、東アジアはその圧力に屈することになるであろう。

　部分的には以前からの習慣のため、そして部分的には上述したローカルな問題のため、東アジアの人々の多くは今でもアメリカがその強力なプレゼンスを地域に維持することを望んでいる。アメリカは東アジアのリーダーにはなれないが、見張り役を務めることはでき、そうすることによって東アジアがお互いに戦争せざるを得ない状況をアメリカは防ぐことができる。しかしすでに議論したように、アメリカはこの役目を果たすにあたって信頼できず、かえって東アジアの国々の間で緊張状態が作り出されるのを望むかもしれない。イギリスがヨーロッパで勢力均衡を保っていたとき、イギリスは「二心あるアルビオン」として知られていたのには理由がある。そのような状況にある国家はいずれも、地域の分裂を自国に有利に働くように操る誘惑に陥りやすいのである。ウォルツ（**Waltz, 1992**）は、二極状態（バイポラリティー）が終わると、アメリカ自身が他の大国によって脅威と見なされるようになると議論している。

　アメリカのプレゼンスを維持するという強いコンセンサスがあるヨーロッパと違い、中国はもはやロシアからの軍事的脅威を恐れる必要はないから、地域での継続的なアメリカのプレゼンスに対してあまりよく思っていない（シャムバウ **Shambaugh, 1944**）。したがって、アメリカは東アジアにおいて中心的役割を果たし続けるかもしれないが、危惧されるのはアメリカが自分の利益のためにそうすることである。それに伴うもう1つの危険は、ヨーロッパで起こっているように、アメリカがだんだん撤退の構えをとっていくだろうということだ。冷戦のときからの同盟国と敵国の両方が、自

分たちで問題を解決していくようますます手を引いていく可能性は大きい。

　日本は、この複雑で非常に不確実な状況にどのように関わっていけばよいのだろうか。鍵となる問題は、日本があることをしようと決めたときに、どれだけ東アジア地域の安全保障ダイナミックスと自身との間に距離を置けるかということである。距離を置く主な戦略を次にあげる。

地域紛争において一方の側につかない（中立政策に近い政策）。

低い軍事力の政策、そしてアメリカとの依存的安全保障協定政策を維持する。東アジア地域に過度に依存することを避けるため、多角的な貿易と金融関係を維持する。

　日本がすでにこの3つの提言をすべて行っているという事実が意味するのは、少なくともこのオプションは開かれているということだ。しかし気がつかなければならないのは、この戦略をとると、予見し得る将来において猪口が言及した「負担を負いすぎた日米関係」（猪口Inoguchi, 1993）に日本が重く依存することになり、アメリカの操り人形になって捨てられるという危険を伴うということだ。

　それはまた、日本が近隣諸国同士の対立から距離を置けるかにかかってくるのだが、大変難しいであろう。島国であることは、もはや以前のような「隔離」を意味しない。例えば、朝鮮半島での出来事により、北朝鮮と韓国が核兵器と弾道ミサイル発射システムを保有するようになる可能性は大いにある。台湾に対する中国の圧力は、核オプションへの道を開く可能性がある。どちらの場合においても、国家再統合の深刻な未解決の問題は大きな対立に発展しやすい。日本はその結果に無関心でいるわけにはいかず、争っている当事者から脅威を受けやすい。日本が北東アジアで唯一の非核保有国になることは大いにあり得る。そのような状況で、日本は現在の「潜在的核抑止」の政策、つまり核兵器を配備はしないが、もし必要とあればすぐにでもそうすることができることを示すために、最先端のロケットと核技術を目につくように開発するという政策を維持することができるのだろうか。日本は近隣諸国の状況により核兵器を保有せざるを得な

なるのだろうか。そしてもしそうなれば、アメリカとの関係に対してどのような影響が出てくるだろうか。日本は、中国が強力で侵略主義的になった場合どのように対応するのか。中国は、アメリカをアジアから追い出すこと、相互依存のもたれ合いを避けること、多極的国際システムを形成すること、武力でもって抱えている領土争い（南そして東シナ海・ヒマラヤ山脈・韓国と満州との国境）を解決することを望んでいるのである（シャムバウ Shambaugh, 1994）。または、中国の省や諸地域が、弱まっている北京の支配から分権化するシナリオに対してはどう対処するのか（シーガル Segal, 1994）。このような状況で、日本はアメリカが守ってくれると信頼できるのか、そしてその代償は何か。

言い換えれば、日本は東アジアにおける2つの大国（もしロシアも数えるとすると3つ）のうちの1つであるという事実、そして日中関係は、友好的であろうと敵対的であろうと、最終的には枢軸にならなければならないのであり、それを中心として東アジアの国際関係は回っていくという事実から、日本は目をそむけることができるのであろうか。

(3) 日本と国際システムとの関係

日本と国際システムとの関係は、日本の大国としての地位の問題に関わってくる。国力そして利害関係の見地からすると、日本は1世紀近くの間大国であった。しかし1945年の敗戦、そして冷戦中の長い従属期間のため、その大国の地位は隠されてきた。過去半世紀に養われた内向性と孤立の習慣が日本の政治・社会的構造の深い部分で制度化されたので、上に引用したブル Bull の基準を日本が満たすかどうか疑問である。国際社会での日本の地位の問題は、日本の安全保障問題を理解し定義する鍵になる。これは部分的には日本の国際的役割の問題であり（それはこのセクションで分析する）、部分的には日本の自身との関係の問題である（それは次のセクションのテーマである）。

日本は地域レベルでは政治的リーダーとして不適任だが、地球規模レベ

ルでは侵略主義国としての過去の重荷をそれほど感じる必要はなくなってきている。日本がアメリカのあとを継いで覇者（ヘゲモン）になるという議論（ホルブルック Holbrooke, 1991）は数限りない。そしてそれが現実的であろうとなかろうと、歴史的理由からそういう可能性はないとは言い切れないのである。実際、富と貿易の規模に見合った地球規模の役割を日本が引き受けていくよう促すためのレトリックはしばしば耳にし、それは相当要求されている。地球規模レベルでは古い歴史はあまり足枷にならず、東アジアと比べて、今の産業そして金融の成功の方がリーダーシップのための必要条件となっている。

いくつかの点で、日本はすでに大国として再興した。疑う余地もなく、日本は地球規模の首脳会議における主要な一員であり、Ｇ７そしてＧ５、Ｇ３のトップ＝テーブルについている。日本は国際通貨・金融・貿易機関における強力な一員であり、援助プログラム一般に対して大変大きな貢献をしており、特に国連に対して多額の支援をしている。政治・軍事的リーダーシップの役割を果たすことに対して日本はためらい続けているが、国際機関における役割を拡大していくことに関しては概して熱心である（猪口 Inoguchi, 1993）。そして日本不在の最も目立つポジションは、国連安全保障理事会の常任理事国の席である。2つの要素が、日本を不在のままにさせている。1つは、どのように安全保障理事会をポスト冷戦の世界に合うよう改革していくかの問題である。もう1つは、日本が軍事力を持つことに関しての厳格な自己規制の問題である。

安全保障理事会を改革する問題は日本だけの問題ではないが、それは日本の国際的地位の完全な回復への道に大きな障害物として立ちふさがっている。問題を簡単に言えば、冷戦の終焉は、今世紀に起こった他の2つの世界大戦と同じ結果を多くもたらしたが、国際機関に対する迅速で抜本的な改革はまったくもたらさなかった。したがってポスト第1次・第2次世界大戦のときと違い、ポスト冷戦期においては、国際社会は過去の戦争からの時代遅れの権力構造を反映する組織に行き詰まっているのである。それは

特に安全保障理事会で顕著である。一般常識（そして現実的なロジック）から考えれば、イギリスとフランスの2つの常任理事国の席は、ポスト＝マーストリヒト欧州連合（それは共通の外交・安全保障政策を形成するはずになっている）の1つの席に減らすべきであり、日本も常任理事国入りすべきである。しかし改革を考えると、インドやブラジルのような他の有望な候補者もいるし、イギリスとフランスがその特権を手放す用意ができているようには見受けられない。

既存の秩序が守られている1つの原因は、現在の5つの常任理事国すべてが核保有国であり、国際的危機に対処できる長距離通常兵力を保有しているからである。クウェート侵略後のイラクに対する行動により、軍事大国としての常任理事国という考えと、イギリスとフランスがその地位を保持するという主張に、ますます妥当性が与えられるようになった。日本は核兵器を放棄し、憲法第9条のため海外に兵力を送ることはできない。激しい論争の的になった1992年に承認された国際平和協力法でさえも、日本の国連平和維持活動参加に多くの制約をつけた（バーガー Berger, 1993）。

問題は、日本はこの軍事への姿勢のために安全保障理事会の常任理事国として不適任となるのか、あるいは日本の軍事姿勢を受け入れるために、ポスト冷戦の世界では大国の地位の定義が変わる必要があるのかということである。日本が常任理事国になることによって、非軍国主義の規範が広がり、核の非拡散が推し進められるだろう。イギリスとフランスが常任理事国に残るとすると、核拡散を奨励しているようにインドやブラジルのような国からは見られるであろう。この議論の中で見逃してはならないのは、日本の防衛政策の性質が、日本が国際社会の中で主張できる地位の種類を大きく左右することである。日本は議論には勝てるかもしれないが、国際的地位と防衛政策の狭間で難しい選択をしなければならないであろう。

(4) 日本の国内での関係

過去1世紀にわたる日本の歴史の特性のため、日本が国際的にどのように

見られているかということと、日本国民が自らを国際社会の一員としてどのように見ているかということの間には、普通では考えられないほど大きな差がある。分かりやすく言うと、東アジアの中では、日本は大国として見られ、普通の国家として復活すること（つまり軍事的に強化されること）は広く恐れられている。国際システムの中においても日本は大国として見られるが、しかしその責務を果たすことをあからさまに拒否しているので、国際システムは当惑し憤慨している。日本国内では、日本は第2次世界大戦の犠牲者であり、小さく力のない国であり、海外での争い、特に武力を伴うものは避けるべきであるという意見が今でも多い。大衆の間では非軍国主義は根強く残っているが（バーガー Berger, 1993）、その考え方は弱まっているという兆候がいくつかある（フック Hook, 1988）。日本の政治システムは弱く、外交政策に関しての進歩は遅々としたままである。歴史の清算はなかなか進んでいない。その理由の1つは、ドイツと違い、1945年の時点で過去とはっきりとは決別しなかったからである。大部分の日本国民は、日本は大国であり、またそうあるべきだという考えを拒絶し、非核原則と憲法第9条を堅く支持しているといえる。

　外側から見ると、これらの行動は奇妙で虚偽に見えがちである。日本は、とどのつまりスイスではないのだ。その人口はロシアとほぼ同じ規模であり、その経済力はロシアよりはるかに大きい。1945年以前の歴史とはっきりとは決別していないにもかかわらず、あたかも日本は近い過去は消滅したとみなし、1951年の占領の終了したときから歴史は新たに始まったと捉えているような印象を受ける。冷戦のコンテクストでそのように歴史を否定したことは理解できるが、ポスト冷戦期の現実の政策環境でそのようなユートピア的習慣を維持することは非常に問題であるように思える。現実主義者とリベラル主義者のどちらもが述べているのは、第1次産物の輸入に高く依存し、貿易と金融に大きな利益を持つ日本のような国は、国際秩序の維持に大きな関心を払わなければならないということである。もしそうしなければ、自国の基本的安全保障の必要が根本的に否定されることにな

る。それにもかかわらず、矛盾が何であれ、日本の中の明らかな国内感情を無視することはできない。もしその感情が長く続けば、日本が地域的そして国際的安全保障環境とどう関わっていくかの重要な決定要因となるはずだ。ほかの条件が同じなら、その国内感情が長続きすると考えるべきである。しかし、少なくともそれが本当に長続きするのかどうか問う価値はある。

　結局過去150年の間に、日本はその外交政策の方針を2回も極端にシフトさせており、それは両方とも外圧の結果である。すでに見たように、様々な方向からの外圧にはいとまがない。日本は、地域核拡散連鎖の真ん中に位置するといってもよい。日本は、侵略主義的あるいは崩壊する中国に直面するかもしれない。統一された朝鮮が、急に日本の隣国になるかもしれない。地域的な相互援助の枠組みのない状況で、地球規模での厳しい経済危機に対処する問題に直面するかもしれない。アメリカとの安全保障関係が終焉してしまうかもしれない。これらのうちどれかが起こった場合、あるいは可能性として高いのはこれらのことが重なって起きた場合だが、果たして日本の外交政策における3つ目のシフトが引き起こされるのだろうか。

5　見通し

　結論として、日本は、あって当然のポスト冷戦期の安全保障ポジションも防衛政策もとれないでいる。冷戦期の安定と孤立とは対照的に、現在日本は経済そして軍事・政治分野において、地域レベルと地球規模レベルの両方で著しく不安定な状況に取り囲まれている。冷戦の国際環境を今でも大きく反映している国内の態度や理解と、地域的にも地球規模的にもさらに責任の重い国際的ポジションの現実との間に、ますます大きな溝が広

ってきている。もしチャマーズ・ジョンソン Chalmers Johnson（1992）が、日本は軍事力を再び持たなければならないと述べているのが正しいとすれば、日本は、どのように既存の軍力を好ましい特徴を棄てることなくアップグレードしていくのかについて、考えなければならない。不確実性が濃い中で、衝突する種々の利害関係をうまく調整できる軍事的安全保障政策というものは果たしてあるのだろうか。それに対する見通しはどちらかといえば暗い。理想的には、ポスト冷戦期の日本の防衛政策は、次にあげる目標をすべて満たすよう目指すべきである。

①東アジア地域から日本に対しての軍事的脅威の可能性に対処できること。これは、争われている領土に対する特に核の脅威（例えば北朝鮮からの）、そして通常兵器による脅威を指す。概して言えることは、武力を背景とした勢力均衡が将来の規範になる可能性が高い地域で、日本は弱く見られないようにする必要がある。

②アメリカによる防衛が縮小され、あるいは打ち切られ、そしてそれが危機において信頼に値しないと証明されるとしても、日本は事態に対処していけること。アメリカの安全保障政策の流動性と、軍事介入を避ける傾向を考えれば、日本があらゆる状況においてアメリカの軍事的支援に全面的に頼るのは賢明ではない。アメリカの同盟国としての日本の状況とパキスタンの状況は似ている部分がある。パキスタン（または日本）への脅威が共産主義勢力からの場合、アメリカの支援は信頼できた。脅威が近隣諸国からのものであり、地域の問題が絡んでいる場合は、パキスタンへのアメリカの支援はあまり信頼できないものであり、かえって妨害的なこともある（例えば兵器輸出禁止）。日本が直面する脅威（例えば北朝鮮の核兵器・中国の領土拡張主義の可能性）はアメリカの関心を引くかもしれないが、同じ確率でアメリカが関心を示さない場合もあるのである。

③東アジアの近隣諸国に対して、日本の軍国主義の復活はあり得ないと強く再保証し続け、東アジアの安全保障ジレンマの悪化を防ぐこと。

日本は他国からの脅しに対して対抗できると示す必要がある一方、他国を脅かしてはならないのである。
④非核・非攻撃的政策を追求し続け、しかしそれでもやはり、責任があり義務を果たし得る大国の地位を追求し続けること。
⑤日本国内の世論の主流と矛盾せずにいること。

　これらの目標を完全に達成する政策はあり得ないだろうが、スウェーデンのモデルに似た政策（ロバーツ Roberts, 1976, 特に3-4章）はある程度これらの目標を達成できるかもしれない。基本的な手法は、次の要素を含む。
①　領土防衛のための強力な兵力
　日本の場合これが意味するところは、侵略に対する防衛だけではなく（それはまずあり得ない脅威だが）、特に、攻撃（そしてより適切には攻撃の脅威）に対しての空軍やミサイルによる強力なハイテク防衛を作り上げることである。この必要を満たすために、戦域ミサイル防衛（ＴＭＤ）と厳重な（つまり人工衛星を用いた）地域監視能力の両方を保有するよう進めていかなければならない。そうすれば、日本は防衛を真剣にとらえ軍事的脅迫には簡単に屈しないという確固としたシグナルを送ることになろう。攻撃能力と組み合わされない限り近隣諸国に脅威を与えることはないから、威嚇に対抗できしかも他国を威嚇しないという二重の基準を満たすことができる。ＴＭＤ技術では、正気を失った攻撃国に対して恐らく完全には防衛できないだろうが、それは日本にとって問題とはなりにくい。不完全なＴＭＤでさえ、軍事的脅威の強制的行使に対して、いくらかは実際的に、そしてそれ以上に政治的な駆け引きに利用でき、防衛が可能となるのである。それは、アメリカの支援がなくなることに対する保険政策としても役立つであろう。
②　近隣諸国の安全保障の懸念に対する十分な配慮
　これが意味するところは、長距離攻撃や侵略に対応できる兵力編成を採用し、東アジアの諸国家（そしてASEAN）と定期的に二極間・多極間安全

保障の対話をしていくことである。

③　国際援助と平和維持において積極的な役割を果たす能力

このためには、世論がいくぶん変わり、法律の一部が修正され、そしてもちろん防衛と国際援助の両方へより大きな予算が割り当てられることが必要となる。また海外で活動できる兵力も必要になるが、前述のポイントと矛盾しないような方法で訓練・装備・派遣される必要がある。日本の兵力が国連活動へ本格的に軍事参加すれば、安全保障理事会の常任理事国の席を獲得する可能性が高くなり、自分の自己防衛手段の信頼性が増すであろう。

④　潜在的核抑止の能力

現在必要なのは、実際に軍事配備することはしないで、民間部門（電力生産・宇宙科学とその応用）において関連のある技術（核・ロケット・誘導システム）を目立つように維持することである。潜在的核抑止のストーリーは次のようなものである。「日本は核兵器の配備を望まず、実際に法的にも非核主義を誓った。しかし、必要なすべての先端技術力を保有しており、必要とあればそれを軍事的に応用するための財政力も持っている。数個なら使用可能な核兵器をすぐ手に入れることができ、もし必要ならば、第1級の核輸送手段をすぐにでも開発することができる。日本はそうならないことを望んでおり、脅されない限りそうはしないであろう。だから、気をつけたまえ。」

これらの4つの方針に沿った政策は、日本のアメリカとの難しい安全保障関係に2つの意味で有益な影響を与える。第1に、その政策により日本はより自立し、それによって「負担を負いすぎた関係」を軽減し、アメリカは日本に対するコミットメントを減らすことができる。第2に、自立すればするほど、日本はアメリカがむろん維持するであろう攻撃的軍勢から自身を離すことができる。そのように発展すれば、日米安保関係は解約されそして放棄されることさえ可能性があるが、これは必要でもないし望ましくもない。上述した理由から、そしてまた日本はアメリカに対して挑戦してい

るという意識を避けたいから、パートナーシップを維持した方がよいのである。

しかしこれらの発展には、日米安保条約の質の変化が必要になる。まず第1に、条約は平等にされるだろう。もし日本が完全な主権国家になることを望み、そして国連安全保障理事会で主要な地位を占めたければ、防衛をアメリカに深く依存させている協定を続けることはできない。第2に、日本は軍事的攻撃性の低い大国としてのイメージを形成することに真剣に取り組まなければならない。日本は、一貫性のある非攻撃的防衛政策を明確に表明しなければならない。日本は現在の矛盾した政策を放棄するか、少なくとも修正しなければならない。日本は現在の政策を非攻撃的と呼んでいるが、それにもかかわらず、前方防衛に基を置くアメリカの軍事戦略へ着実に参加する方向に向かっている。こんなことをしているよりは、日本は2つの方針に沿ってアメリカとのパートナーシップを考え直さなければならない。その2つの方針の1つ目は、日本は自己防衛に対して積極的に責務を果たす必要があり、それによって現在の不平等な協定を終わらせる。このためは、最終的にアメリカの基地が撤退しなければならないかもしれない。2つ目は、アメリカが地域において軍事的卓越を保ち、日本は見合った分の資金を経済的・政治的安定のためにささげていくという分業を、日本はアメリカとの間で行っていく合意をする必要がある。

これを達成するのは簡単ではないし、これによって日本の政策から矛盾が徹底的に除かれるというわけでもない。日本が非攻撃的防衛を真剣にとらえるならば、現在の見せかけの軍事同盟国のように日本はならないことをはっきりさせなければならないが、重大な意味において日本はアメリカの政治的同盟国であり続けるであろう。日本は、アメリカからの何らかの形の核の保証を保ちたいと望むかもしれない。非攻撃的防衛政策と背景にある核抑止力の間の取り除くことのできない結びつきに気づくのは、何も日本が初めてではない（ブザンBuzan, 1987）。パートナーシップの本質は、アメリカが続けて東アジアの勢力均衡において重要な役割を果たすことに

よって日本は恩恵を受け、アメリカに対して挑戦しないばかりか、その地域における政策目標の多くに相当な支援をする日本を味方につけることによって、アメリカは恩恵を受けるということである。もしこのすべてがなされた場合、日本の現状における矛盾や脆弱性を減らすことができ、国内コンセンサスの大部分を維持することができるであろう。それは、新しいタイプの大国になるという日本の主張を強め、冷戦期から21世紀への国内的・国際的過渡期の完結に向かって長い道のりを進むことになるであろう。

References

Berger, Thomas U. (1993), 'From Sword to Chrysanthemum: Japan's Culture of Anti-Militarism', International Security 17:4, pp. 119-50

Bull, Hedley (1977) The Anarchical Society (London: Macmillan)

Busch, Mark and Helen Milner (1994) 'The Future of the International Trading System: International Firms, Regionalism and Domestic Politics', in Richard Scubbs and Geoffrey Underhill (eds.), Political Economy and the Changing Global Order (Toronto: McClelland and Stewart) ch. 15.

Buzan, Barry (1987) 'Common security, non-provocative defence, and the future of Western Europe', Review of International Studies, 13:4 (1987) pp. 265-79.

Buzan, Barry (1988) 'Japan's future: old history versus new roles', International Affairs, 64:4, pp. 557-73.

Buzan, Barry (1994) 'The Post-Cold War Asia-Pacific Security Order: Conflict or Cooperation', in Andrew Mack and John Ravenhill (eds.), Cooperative Economic and Security Regimes in the Asia-Pacific Intellectual and Policy Agendas for the 1990s (Canberra: Australian National University).

Buzan, Barry and Gerald Segal (1994) 'Rethinking East Asian Security', Survival, 36:2, pp. 3-21.

Campbell, David (1992) Writing Security: United States foreign policy and the politics of identity (Manchester: Manchester University Press).

Cox, Robert (1994) Global Restructuring: Making Sense of the Changing International Political Economy', in Richard Stubbs and Geoffrey Underhill (eds.), Political Economy and the Changing Global Order (Toronto: McClelland and Stewart) ch. 1.

Grant, Richard J., Maria C. Papadakis and J. David Richardson (1993) 'Global Trade Flows: Old Structures, New Issues, Empirical Evidence' in C. Fred Bergsten and Marcus Noland (eds.), Pacific Dynamism and the International Economic System (Washington, Institute for International Economics).

Helleiner, Eric (1994) 'From Bretton Woods to Global Finance: A World Turned Upside Down', in Richard Stubbs and Geoffrey Underhill (eds.) 'Political Economy and the Changing Global Order' Toronto, McClelland and Stewart, ch. 8.

Holbrooke, Richard (1991) 'Japan and the US: Ending the Unequal Partnership' , Foreign Affairs, 70:5, pp. 41-57.

Hook, Glenn (1988) 'The Erosion of Anti-militaristic Principles in Contemporary Japan,' Journal of Peace Research, 25:4, pp. 381-94.

Inoguchi, Takashi (1993) 'Japan's Foreign Policy in an Era of Global Change' (London: Pinter).

Johnson, Chalmers (1992) 'Japan in Search of "Normal" Role', Dædalus, 121:4, pp.1-33.

Segal, Gerald (1994) 'China Changes Shape: Regionalism and Foreign Policy', Adelphi Paper 287 (London: IISS).

Shambaugh, David (1994). 'Growing Strong: China's Challenge to Asian Security', Survival, 36:2. pp.43-59.
Wolferen, Karel van (1989) 'The Enigma of Japanese Power', Vintage Books.
Wallerstein, Immanuel (1993) 'The World System After the Cold War', Journal of Pcace Reserch, 30:1, pp.1-6.
Waltz, N. Kenneth (1992) 'Foreign Policy and Democratic Politics' Institute of Governmental studies Press.

第5章

児玉克哉

非攻撃的防衛を
日本の防衛基本に

1 はじめに

　長かった冷戦が終わりを告げ、世界は今新たな防衛政策の導入を迫られている。楽観的な平和到来論が展開され、軍備大幅削減が叫ばれる一方で、地域紛争はますます激化しているように思われる。旧ユーゴスラビア、コンゴ、そしてインド・パキスタンなどにおける紛争は世界的な注目を集めている。この大変動の時代にわが国の防衛はどのように変化するのか、またするべきなのか。目ざましいほどの経済発展を遂げながらも、驚くほど無防備なアジア地域に位置するわが国は、真剣にこの問題に取り組まなければならない。

　しかし、この地域における大きな経済格差・軍事格差、日本の太平洋戦争時における侵略、冷戦後も残るであろうアメリカ（およびロシア）の覇権主義、複雑な民族構成などの諸要素によって、平和を守る制度の構築はまさに実現不可能とも思えるほど困難である。私はこの困難な課題を解く鍵として、非攻撃的防衛の発想を提案したい。日本、およびアジア地域の平和の制度を確立するために、わが国が非攻撃的防衛を採用することは極めて大きな意味を持つことになるであろう。この非攻撃的防衛理論は極めて実践的な有用性を持ち合わせており、実世界への影響の可能性は大きいものがあるが、同時に国際政治理論への影響の可能性も相当にある。この非攻撃的防衛理論は、単に技術的な方法論にとどまるものでなく、ある一定の思想性をも持ち合わせているのであり、これからのわが国の防衛政策のみならず、世界的な防衛の方向性をも示唆し得る潜在力を秘めているといえるだろう。いまだこの非攻撃的防衛理論はそれほど注目を集めているとはいえない。特にわが国においてはほとんど知られていない状況であるといってもよいだろう。

　本書では、これまでの章において非攻撃的防衛理論の概要が述べられている。本章においては、非攻撃的防衛理論の位置付けを簡単にした上で、

日本の防衛に具体的にどのように応用できるのかについて考えてみたい。非攻撃的防衛理論が机上の空論に終わることなく、実践性を持つためには、具体的なフィールドにおける政策提言をしていく必要がある。一試案であるということを踏まえた上で、議論の対象としていただければ幸いである。

2 理想主義と現実主義の狭間で

　理想主義（idealism）と現実主義（realism）の二分法は、1940年代に国際政治学のパイオニアとされるE. Hカーによって提出されている（Carr 1964）。理想主義の古典的な研究者といえば、イマニュエル・カントがあげられるだろう。カントの演繹的な方法論による永久平和論は、世界の国家の連邦制の必要性を説いた。第1次世界大戦の後に創られた国際連盟は、この理想主義に基づいたものといえ、世界政府の創造を目指し、究極的には国家の廃止を主張するものであった。しかしながら、国際連盟の現実の世界における無力は、カーやシューマンなどの現実主義を生み出すことになった。第2次世界大戦後には、冷戦をめぐる論議の中で、現実主義は理想主義に徹底的に批判を加え、国際政治学は現実主義の理論を軸に展開されてきたといえる。モーゲンソーの"Politics Among Nations"（Morgenthau, H. J. 1973/ 邦訳『国際政治学』）は現実主義を国際政治学に応用した主要著書として認められている。ジョージ・ケナンやジョン・ハーツ、スタンレー・ホフマン、レーモン・アロンなどの現実主義者が国際政治学、特に安全保障に関連した研究領域においては中心的な役割を果たすこととなる。

　わが国においてもこうした傾向は同様であり、現実主義的アプローチが国際政治学での主流を占めてきた。しかし、このことは理想主義が戦後何ら影響力を持ち得なかったことにはならない。特にわが国においては、理想主義は平和憲法の擁護と結び付いて、ある一定の政治力を形成してきた。

社会党が戦後固持してきた非武装中立論はその典型であるし、平和運動においてはいわゆる理想主義が主流を占めてきた。学問的領域においても、マルクス主義国際理論の研究者の中にははっきりとした理想主義を掲げる者も少なくなかった。

極めて大雑把に述べるならば、現実主義と理想主義とは、お互いの弱点を指摘し合いながら相当に鮮明な形で二分化してきた。理想主義は米ソ冷戦が深刻化していく中で、現実から理想へのプロセスの証明が明確でなく、またナショナルインタラストを追求するはずの国家が自己犠牲を伴う譲歩に果たして応じるかという懐疑ゆえに、現実の国際政治の舞台では大した影響力は持ち得なかった。しかし、だからといって現実主義が何の問題もなく米ソ冷戦の現実に対処し得たというのは誤りである。

まず第1に指摘されなくてはならないのは、現実主義理論に内包される安全保障ジレンマである。一般的に軍事パワーを蓄積することによって安全保障を獲得しようとすると、相互作用によってその軍事パワーは敵対国の軍事パワーの増大を引き起こす。これはかえって危険が増幅されることになりかねず、基本的なジレンマに陥ってしまうのである。

現実主義アプローチの重要な理論の1つは、バランス・オブ・パワーである。しかし、国際政治において勢力均衡がとれている状態というのは、あくまでも結果としての均衡であり、目標としての均衡ではないということを認識する必要がある。つまり国家は敵対国との静止的バランス状態を目指すのではなく、極めて利己的に敵対国以上の軍事力の増強を意図する。同様に敵対国も同じ発想を持って軍備増強を行うので、結果としてのバランスがとれている状況が存在するにすぎないのである。まず、注目すべき点は、このバランスは静的な安定したものでは決してなくて、常に関連諸国の利己的な軍備増強によって成り立っていることである。画期的な軍事技術革新や国内問題の激化などの要素によって、簡単に崩れ得るバランスであるということである。また、関連諸国が敵対国の脅威のもとに軍備増強をすることによって成り立つバランスであるから、お互いの脅威は減少

するどころか、さらに増大するのである。現実主義のいう安全保障を目指せば、緊張は高まり、安全保障の前提が崩れ得るというジレンマが存在するのである。現実主義による防衛は、相当な部分相手国への攻撃力を含んだ総合的な軍事力であり、防衛と攻撃との境が不鮮明である。攻撃力を中心にした防衛のアプローチも存在する。相互作用を考えれば、まさに「安全保障」政策によって全体の攻撃破壊力は飛躍的に増大し、地域全体、いや地球全体の平和が脅かされる事態が招かれるのである。まさに、戦後の米ソ核軍拡競争はこのジレンマのモデル的展開といえた。

　もちろんこのジレンマの指摘は目新しいものではなく、理想主義者の現実主義への批判の格好の的であるし、現実主義者、特にネオ現実主義者と呼ばれる人の多くは、この潜在的なジレンマに相当な注意を払っている。中でもジョン・ハーツは "Political Realism and Political Idealism"（Herz 1951）の中でこのジレンマを明確に指摘し、国家のみならず個人やグループにおいても成り立ち得る基本的な条件であるとしている。現実主義者の古典的存在といえるモーゲンソーでさえ、A国が防衛を目的として軍備増強や同盟を企てても、それはB国には帝国主義的な政策と映り、B国は対抗策として軍備増強をし、これはさらにA国の軍備増強を加速するものとなって、両国間の関係は悪循環（vicious circle）をたどることを指摘している（Morgenthau 1960）。

　ではこの基本的なジレンマから抜け出す道としてはどのようなものが考えられているのだろうか。ネオ現実主義を呼ばれる研究者は、未来志向的な分析や新しい理論的考察によってこの閉塞的なジレンマ状態からの脱却を試みている。重要なことは、これらが非攻撃的防衛理論と矛盾しないばかりか、むしろ密接に関連を持ち得る点である。古典的現実主義者に比べて、ネオ現実主義者は国際的な相互依存関係に注目し、各々の国家よりは、国際的なシステムや構造に関心を持っている傾向がある。例えば、ケネス・ウォルツは構造的現実主義（structural realism）を唱え、国家の視点からだけではなく国際的な構造から国際政治をとらえる必要性を主張して

いる（Waltz 1979）。ロバート・ギルピンなどは特に経済的な面での相互依存を強調し、各国の利益／ダメージ・コストを中心概念として展開される国際政治学を批判している（Gilpin 1981）。

　こうした相互依存関係の強調は、確かに上記の現実主義に内在されるジレンマを和らげるものである。すなわち国家の枠組みを乗り越えた相互的関係によって、国家は単純に自分の利益のみを考慮して行動することはできなくなるからである。実は、現代の国際社会が相互依存的になってきているという認識は、非攻撃的防衛戦略にも関連するものである。攻撃的な防衛は、潜在的敵対国を刺激し、その国の防衛能力を引き上げるばかりでなく、経済や政治、技術協力などの相互依存関係にとっても極めて深刻なダメージを与え得るということがいえよう。それだけにこそ、相互依存が高まることは、攻撃的な防衛のあり方の見直しを迫り、非攻撃的防衛の指向につながるといえるだろう。

　安全保障の面で考えると、共同安全保障体制（common security）は、有力な1つの道である。しかしこれが国際的に展開されるとなると、国際連合の抜本的な見直しがなされなくてはならないだろうし、地域的に限定したとしてもアジア地域での実現は不可能に近いと考えられる。現在ヨーロッパを中心としてこの考え方が議論されている。これは言うまでもなくパルメ委員会（軍縮と安全保障に関する独立委員会）の最終報告によって一般的に知られるようになったのであるが、この考え方の基本は非攻撃的防衛と密接に関連している。共同的安全保障の考え方は、一国レベルでの攻撃力の保持はでき得る限り制約し、一国レベルでの防衛とともに共同的な契約による防衛によって安全保障を獲得しようとするものである。非攻撃的防衛とのセットによって初めて完成し得るものとさえいえるであろう。

　ここで、非攻撃的防衛理論を検討してみよう。これまで国際政治学の領域であまり議論の対象になっていないが、現実主義に内在されるジレンマ、つまり一国の防衛力の強化が他国の防衛力の強化を引き起こし、結果として危険が増大することを解決する決め手として非挑発的防衛（non-provocative defense)、あるいは非攻撃的防衛（non-offensive defense）の理論をあげたい。非挑発的防衛も非攻撃的防衛もほぼ同じものとして扱われてきたので、ここでもこの2つの用語をとりたてて使い分けることはしない。非攻撃的防衛の方が、より一般的に使われるということと、より客観的要素が重視されていると考えられるので、私は非攻撃的防衛という呼び方を使うこととする。極めて現実的な発想のもとに展開されてきた理論であるだけに、従来の理想主義とは異なり、現実主義アプローチと十分に議論がかみ合う。しかし同時に、理想主義的指向性を兼ね合わせており、新しい防衛のあり方を考える上で、実践的力を持ち得る理論であるといえる。この論文では、高度に政策指向性を持ったこの理論を軸として、これからのわが国の防衛のあり方を考えてみる。

3 非攻撃的防衛とは何か

　非攻撃的防衛理論の展開は、主としてヨーロッパにおいてなされてきた。特にこの理論を積極的に進めているのは、コペンハーゲン平和研究所であり、ここは研究誌『**Non-Offensive Defense**』の発刊や非攻撃的防衛に関する書籍の刊行を行ってきた。この理論の中心的研究者としてはバリー・ブザンやビョン・ミョレーなどがあげられよう。こうした研究の中心的な発想については、本書の各々の章で述べられているので参照していただきたい。一言でいうならば、非攻撃的防衛とは、ハイレベル・テクノロジーなどの駆使によるハード面の発展や民間防衛システムの整備などによるソフト面の充実によって、防衛力を飛躍的に高める一方で、相手を挑発し得る攻撃力のある兵器や軍事システムは徹底的に排除していこうとする試みといえる。第1章でミョレーも述べているように、非攻撃的防衛理論にも様々なアプローチ、考え方があり、非攻撃的防衛論者のすべてが同じような定

義を持っていると考えるのは明らかな誤りである。

 ミョレーの定義によれば、非攻撃的防衛においては「軍事力は総合的にみて十分に防衛に耐え得るものであるが、攻撃には使用に耐え得ないと認識されるもの」(Møller 1991) であるとされている。ミョレーは以下の3つの点が定義に関して重要であると述べている (Møller 1991:)。

 まず第1の点は、非攻撃的防衛の定義は軍事的能力に焦点が当てられていることである。このとき政治的意図が重要でないというわけではない。例えば、カナダは軍事大国アメリカに接しているが、政治的な関係から少なくとも軍事的にはアメリカの脅威を感じているとはいえない。その意味で総合的に捉えることが必要なのであるが、多くの場合には政治的意図は隠されていたり、不鮮明であったりするので、それほど信頼できる要素とはならない。いくら日本が、日本は他国を侵略する意図がないと明言しても、その軍事的潜在能力がある場合には周辺国の日本に対する脅威感は消えることはない。

 次に挙げる点は、その軍事力は十分に防衛に耐え得るもので、攻撃には使用に耐え得ないものと、認識される必要があることである。この認識 (perception) という要素には少なからずの曖昧さが残される。しかし、この認識という要素はこの非攻撃的防衛において重要な働きをする。実際には攻撃力がなくても、周辺国から攻撃力があると誤って認識されるならば、周辺国は軍備増強をするであろうから、非攻撃的防衛の論理は崩れてしまう。そうならないために、非攻撃的防衛戦略をとる場合には、多国間の協力による信頼できる軍事調査・分析が不可欠となる。

 3つ目の点は、防衛能力と攻撃能力が区別されることである。ペトリオットなどのように兵器の能力だけによってかなり明確に区別されるケースもあるが、兵器によっては防衛と攻撃のどちらにも使えるケースもある。しかし、後者の場合においても全体の防衛体系における位置付けや数量などを総合的に分析するならば、相当にはっきりと区別され得る。実際の運用では、仮に攻撃能力のある兵器が少量残されていても、それが核兵器など

の特別な兵器でないかぎり、侵略などの行動をとることは不可能である。核兵器や化学兵器などの特別な兵器は、非攻撃的防衛理論に照らせば、明らかに攻撃的兵器であり、認められない。明らかに攻撃能力のある兵器を排除し、全体の防衛体系の中での位置付けにおいて挑発的にならないようにすれば、仮に灰色の部分がわずかに出てもそれは大きな障害にはならないであろう。この部分の分析においても、国際的な学術調査協力が重要となるであろう。

　この非攻撃的防衛は主にヨーロッパの防衛を念頭に置いて発展された構想であり、研究者もほとんどが西ヨーロッパの研究者である。元々ヨーロッパの中・小国の防衛は、民間防衛も含めての「針鼠の防衛」と呼ばれるスタイルをとっており、この延長上に非攻撃的防衛があると考えられる。

　例えばスウェーデンの防衛は、この非攻撃的防衛理論に沿った体制といえるであろう。スウェーデンはその中立主義や非核政策ゆえに、スウェーデンには軍隊が存在しないか、また存在してもとるに足らないほどの脆弱のものであろうと、誤解されがちである。しかし、2つの世界大戦で、直接には戦争に参加しなかったものの、隣国の惨劇を垣間見たスウェーデンは、防衛に熱心に取り組んできており、国民にも一般兵役義務や民防義務を課し、軍事費もＧＮＰの3～4％を費やしている。コンピューター・テクノロジーをはじめとして多くの分野で先端技術を有するスウェーデンは、高度の新鋭兵器、軍艦、軍事用車両、航空機などの量産を行い、他の西欧諸国と比較しても引けを取らないほどの近代的な軍装備を保有している。スウェーデンが内外に明言している戦時における非同盟・中立の立場は、周辺国から畏敬の念を持って尊重されるべきものではあるが、これは国際条約や規約によって保障されているものではない。第2次世界大戦中にも、ナチス・ドイツによって軍隊の領土内通過などを認めさせられ、中立の維持が危ぶまれたときがあった。中立の立場を戦時の非常時にも、軍事力を含めた「総合的防衛政策」によって守っていこうというのが、スウェーデンの基本的な防衛方針である。

しかし、この軍事力は民間防衛までをも取り入れた攻撃性を極力抑えたものとなっており、隣国を挑発するような要素はほとんどない。スイスの防衛も極めて似通った体制を作っており、ある意味では非攻撃的防衛は中立国の必然的な選択といえるかもしれない（児玉 1992）。

しかしだからといって、非攻撃的防衛は国の規模の小さい中立国に限定されるわけではない。この理論が議論を呼んだ重要な国の1つにドイツがあげられる。例えば現役のドイツの兵士でハンブルグ陸軍士官学校の情報管理局長のウィリヘム・ノルテは自律的防衛（autonomous protection）という概念を使いながら、防衛のための防衛を提案している。彼によれば、自律的防衛は、限定された軍事力による国境防衛、民間防衛、市民的抵抗の3つの要素から成り立つ。現役の兵士として極めて実践的で具体的な防衛戦略を展開している（Norte 1989）。ドイツは日本と同様に大国であり、また第2次世界大戦などの経験から周辺国から警戒されてきた国である。しかし、そうした条件であるからこそ、周辺国に脅威を与えない防衛方法の模索は一層なされるべきではないだろうか。中立国は非攻撃的防衛戦略を取ることになるが、非攻撃的防衛を取る国が必ずしも中立国を目指す必要はないのである。相当に広い範囲の国がこの戦略を選択することができる点を確認したい。

さらにこの戦略がヨーロッパ諸国に限定されないこともはっきりとしておく必要性がある。非攻撃的防衛に対する一見解として、それは国境を主として陸で接しているヨーロッパで可能であっても、国境が海である日本には適当ではないというものがある。ヨーロッパにおいては、対戦車地雷網やトンネルなど地形を生かした戦略、短距離の命中精度の高いミサイル網の完備などによって非攻撃的防衛が可能でも、海洋国の日本の場合には困難であるというのである。この点に関して、非攻撃的防衛を提唱するブザンは、「海は自然の防衛壁と見ることもできる。防衛環境としては、陸続きの欧州よりはるかに日本は恵まれていると思う」と述べている（朝日ジャーナル1989.7.28での対談より）。非攻撃的防衛はすべての国で可能とはい

えないにしても、日本の防衛においては高い可能性があるのではないだろうか。わが国は専守防衛政策をとってきたが、後に述べるようにこれは非攻撃的防衛と同じものではない。しかし、発想として遠く離れているものではないのであり、国民に受け入れられるという点においても、また防衛政策の連続性という点からも、環境は整っているといえる。アジア地域においては防衛費を計上し、世界の最先端のハイテク技術を保有するわが国は、むしろヨーロッパ諸国よりも非攻撃的防衛を完成するのに適した国といえるかもしれない。前述したように、現在の理論展開において注目すべき点は、「非攻撃性」についての科学的分析の視点の強調である。ムード的平和論への安易な連関や軍備増強のための隠れ蓑としての修飾的理論になるのを防ぐためにも、かなり綿密に軍事技術の分析が行われ、それによって非攻撃性が明らかにされなければならない。この客観的研究スタイルを基礎に置く非攻撃的防衛は、とかく感情的になりやすいアジア諸国と日本との関係のあり方を考える上で重要といえるのではないだろうか。この戦略はまさにこれからの日本の防衛を考える上で、キーコンセプトとなり得るものであると考えられる。

4 取り巻く環境の変化

　非攻撃的防衛の基本概念と共に、その応用の可能性について述べてきたが、次に時代の変動によるアジア地域を取り巻く環境の変化と非攻撃的防衛との関連について考察してみたい。
　まず、今の時代を決定づける要素として冷戦の終焉が挙げられるであろう。この冷戦の終焉は、非攻撃的防衛を考える上で、条件といってもよいほど大きな意味を持っている。アメリカと（旧）ソ連の超大国が世界を2つの陣営に分けて、マクロな戦略を展開していた状況においては、陣営下に

ある日本が独自の防衛政策を立てることはほとんど不可能であった。(旧)ソ連を仮想敵国とした場合には、日本が一国で非攻撃的な兵器や防衛システムをもって防衛を試みるのは、まず考えられない。非攻撃的防衛戦略は基本的に通常兵器による攻撃からの防衛を前提としているわけで、多数の核兵器を保有する(旧)ソ連の攻撃からの防衛を非攻撃的な戦略で考えることはできない。また通常兵器に限定された侵略を考えたとしても、(旧)ソ連の兵力や兵器などを考慮すると、日本が一国で国を守るのは極めて困難である。ソ連が崩壊し、北の脅威がほとんど消滅したことが新たな日本の防衛戦略を可能にしたといえるだろう。

　これまで日本がとってきた専守防衛の発想は、いわば米ソ冷戦の落とし子であり、日本の持つ平和憲法とアメリカの対ソ戦略との妥協の産物といえるのではないだろうか。言うまでもなく日本国憲法は理想主義的な発想を内包しているが、現実の冷厳とした冷戦の激化によって、日本は憲法第9条の解釈を広げることを余儀なくされ、日本の防衛体制はアメリカの(旧)ソ連対抗、もしくは封じ込め政策の一環の中に組み込まれることとなった。つまり日本国憲法の理想主義と冷戦の現実との妥協が、専守防衛戦略を生んだのである。

　専守防衛戦略は、ポスト冷戦時代の今日、以下の問題点があると考えられる。まず第1に、専守防衛は、防衛を意図すると考えられるものであれば、相当に攻撃的な兵器の配備や軍備体系の整備を容認するものであることである。米ソ冷戦は恐怖の均衡と呼ばれた核抑止に基づくものであり、米ソ両国共に、攻撃的で挑発的な戦略を展開した。その攻撃的な戦略の一環にある日本の防衛が、防衛的防衛にとどまることはできなかった。

　次に挙げるべき問題点は、専守防衛の定義の曖昧さである。前述のように妥協の産物であるがゆえに、専守防衛はどういうものであるかについての明確な規定は存在しない。憲法による制約と防衛力の強化との綱引きは、その時代における各々の方向性を支持する勢力の力関係によって決められる。専守防衛は戦略としては存在しても、理論としては存在しない。その

思想的な拠り所は日本国憲法と考える人もいるかもしれないが、それは誤りといえるだろう。日本国憲法第9条をそのまま受け取るならば、自衛隊の存在自体が問題となるであろうし、アメリカの対ソ戦略の一環に加わるような防衛政策は、憲法の指向する理想主義とは合致しないように思われる。憲法は確かに政治的な力としては日本の防衛力の強化の歯止めになってきたが、それは思想的なバックグラウンドにはなり得なかったといえる。つまり専守防衛には明確な理論も思想もなく、曖昧な存在であり、時代の変化によっては、専守防衛の旗印のもとに現在の状態よりは相当に拡大された防衛戦略をとることが可能なのである。この点は大きな意味を持っているように思われる。この曖昧さゆえに、諸外国は日本が軍事的な大国になる可能性があると脅威を感じるのではないだろうか。私は、日本が軍事的な大国になることは日本にとって得策とは考えられないし、またその可能性は極めて低いと思う。ならばなおさら、曖昧な定義しかない専守防衛戦略から、より明確で理論的な制約を持つ非攻撃的防衛戦略に防衛政策を変えることは意義があると思われるのだが、どうであろうか。

第3の問題点としては、日本の仮想敵国としても超核大国（旧）ソ連を念頭に置いていたために、南北朝鮮や中国への配慮が足らなかった点である。このために「専守防衛」の枠組みの下で、実際には近隣諸国への攻撃能力を保有する場合でも、「専守防衛」を目的として用いられるのであれば別に問題ではないとの潜在的な常識が作られた。アメリカの戦略の一環としては（旧）ソ連に対しても相当に挑発的な軍備であるが、アジアの近隣諸国にとっては日本の軍事力は脅威を与えるに十分である。軍事費の支出総額は日本に比較して相当に低い他の近隣諸国からすれば、わが国の軍事力は相当な潜在的脅威であり、太平洋戦争時における体験と結びついて「日本脅威論」が展開されている。わが国が、アジア地域での平和に貢献するための条件は、軍事面において絶対的な信頼を得ることである。現在においても日本が他の諸国を再び侵略する可能性はまず考えられないが、今の段階ではアジア諸国からそれに関しても絶対的な信頼を得ているとはいえない

だろう。「専守防衛」のイメージや修飾だけでは、過去の歴史と絡まった不信感は拭えない。潜在的にも攻撃力はないと証明されてはじめて、信頼され得るのではないだろうか。非攻撃的防衛とはどの国に対しても挑発性を保持しない防衛を指し、攻撃性のないことが技術的に証明されるものである。専守防衛戦略が（旧）ソ連を意識した戦略であるとするならば、非攻撃的防衛戦略はアジアに注目したものであるといえよう。

ポスト冷戦時代におけるわが国の安全保障を考える上では、アジアの情勢が決定的に重要である。中国の今後の外交政策の展開と朝鮮半島の平和的安定は注意を必要とする要素である。中国がこのままスムーズに経済発展を遂げるとは考えにくく、経済的にも政治的にも行き詰まったとき、どのような行動をとるかは不鮮明である。12億の大国は内部的に大きな不安定材料を抱えているし、外交的にも台湾問題や香港問題、ベトナムやインドなどとの国境問題など今後の展開を注目しなくてはならない諸問題を持っている。

朝鮮半島の動きも楽観視すべき状態ではない。米ソ冷戦は終わっても、朝鮮半島における南北冷戦はまだ続いており、どういう決着を見るのか簡単にはシナリオを描けない。特に金日成の後を引き継いだ金正日の政権の動向は予測しがたく、研究者によっては国家の崩壊の可能性を示唆している。北朝鮮の食糧危機などの現状を見る限りにおいて、相当な混乱状況が起こる可能性は否定できない。1998年8月の北朝鮮のテポドン発射事件は、日本の国民に大きな衝撃を与えた。後にアメリカも人工衛星の打ち上げの失敗という見解を示しているが、いずれにせよ、北朝鮮の動向が日本の安全保障に大きな影響をもたらすことを強く印象づけた。

大きな動乱が本当に起こるかどうかという吟味はさておき、このアジア地域は米ソ冷戦の終結した今もなお極めて危険な状態に置かれているということは確かであろう。ポスト冷戦下においては、宗教や民族的対立を要因とした地域的紛争の危険性が世界的に高まっていることも考慮すべき点の1つである。言うまでもなくアジア地域には多様な民族・宗教が存在し、

これまでにも多くの地域紛争を抱えてきたが、今後さらに地域紛争が増えることが予想される。つまりアジアの「平和」は脆弱であり、わが国も特に地域的な通常兵器による紛争に備える必要があるといえよう。

しかるに、アジアにはまったくといっていいほど安全保障のためのシステムが存在しない。唯一、アメリカの存在が事態の暴走への抑止力となっている。しかし、今後アメリカはどのくらい世界の警察としての役目を果たす意思があるのであろうか、また果たすことができるのだろうか。急な外交政策の変化の可能性は低いにせよ、国内的な経済・社会問題の悪化の中で、アメリカが世界の警察として果たしてきた影響力は徐々に弱まるであろう。また、アメリカが良い警察官であるかどうかも論議に値する疑問であろう。しかしここでアメリカがアジアから撤退すると主張するつもりはないし、またアメリカ排除論を説くつもりもない。問題は抱えながらも、現状においてはむしろアジアから急に撤退しない方がアジアの安全保障にとって好ましいことであろうし、アメリカもすぐには手を引くつもりはないであろう。だがアメリカが米ソ冷戦時代のような形でアジアに関わることはないであろうし、アジアにおける地域的な紛争に介入する可能性は確実に低下している。イデオロギー対立が終焉し、アメリカが経済・社会的な国内問題を抱える現在、心理的にも遠いアジアの紛争に介入するのは得策とはいえない。

このように考えてきたとき、アジアの安全保障は薄氷の上に置かれているといっても過言ではないことが分かる。経済的には超大国となった日本も、安全保障問題となるとまったくといっていいほどイニシアティブをとることができない。太平洋戦争における侵略の歴史によって、中国、韓国、北朝鮮などの近隣諸国は潜在的な不信感を日本、および日本人に抱き、日本が地域的な安全保障政策の中心的役割を演ずることを拒否している。日本自体、憲法による制約や国内での平和運動を中心とした勢力からの反対もあって、集団的安全保障体制には消極的である。一言で言うならば、アジア地域は、不安定要素が膨らむ一方で、何らそれに対処する方策を準備

していないのである。

　今、時代は大きく変動している。戦後最大といわれる国際秩序の変化の中で、わが国の防衛政策も質的な変換を遂げる時期にきているのではないだろうか。現在の日本の防衛に関する政策を見る限りでは、防衛費の伸び率の削減程度の変化にとどまり、決して時代にふさわしい新しい防衛戦略への転換が指向されているようには思えない。1998（平成10）年の夏の参議院選挙、2000（平成12）年夏の衆議院選挙で自民党は大敗をした。しかし、そのすぐ後の2001（平成13）年初夏の参議院選挙では、小泉旋風のもとに自民党は大勝している。つまり日本の政治はますます流動的となっており、時代を画する変革の時代へと突入しているのである。自民党が大敗をし、日本の政治は流動性を帯びている。国際政治が動き、国内政治が変化していく中で、これまでの発想とは異なった防衛政策の可能性は大きくなってきている。経済が成長し続けた時代とは異なる時代に適した効率の良い、平和的な防衛政策が求められているのだ。時代が大きく動く中で、非攻撃的防衛は現実味を帯びてきている。

5　打開としての非攻撃的防衛

　冷戦の終焉下における混迷するアジアの状況を打開するためにもわが国は、非攻撃的防衛を安全保障政策として取り入れることを提案したい。

　非攻撃的防衛は「防衛」力の低下につながるという議論が出るかもしれない。しかし、これまで見たように、わが国が絶対的な信頼を得ることができずに、集団的な防衛に対しても何の行動もとれないことの方が危険な状態であると考える。アジア地域でどんな紛争が起こり、わが国の安全も危うくなったとしても、日本が単独でそうした紛争に介入することはできないのは明らかである。そうであるならば、日本の防衛は厳密に限定され

た非攻撃的防衛にとどまるべきであり、アジア地域での紛争に関しては日本も積極的に協力・参加する国連を母体としたアジア地域安全保障体制を作り上げるよう努力すべきである。これにはアメリカ、中国、南北朝鮮、日本、インドネシア、フィリピン、（台湾）などの国が含まれることになるだろう。単独では日本は何もできないし、してはならないが、国連を通じた形であれば様々な貢献ができるであろう。憲法上ある程度の制約はあるであろうが、自分もアジアの一員であり、そこでの正義と平和には責任を持つという態度が望まれよう。この体制にかかる費用の相当に大きな部分は日本が負担することになるだろう。

　もちろんこの体制が早急に出来上がれば問題は少ないが、まだ時間がかかるであろう。それまではやはりアメリカに抑止力として居座ってもらう必要がある。残念ながら、アジアの問題がアジアで解決されるという段階には到達していない。アメリカもすぐにアジアから撤退するのは国益に反するであろうから、当分は大丈夫であろう。アメリカが抑止力として機能する場合でも、日本の防衛方針は非攻撃的防衛としてアジア近隣諸国ばかりでなくアメリカからも安心される存在である方がよく、その安心と信頼をもとにして新たな集団安全保障の枠組みを考えるべきである。日米安保体制と非攻撃的防衛に関しては、本章の終わりで取り上げているが、現在のままの形でアメリカが日本に居座り、アジアの監視役を務めるというのは、問題があることは確かである。日本が非攻撃的防衛を政策としてとるなら、アメリカの攻撃的政策への非協力の原則を打ち出すなどの工夫が短期的にも必要になるだろう。長期的には、アメリカも加えた形で同盟による安全保障体制から共同安全保障（**common security**）の枠組みへ転換を目指す必要があるといえよう。そのための前提となるのが、日本が非攻撃的防衛を基本政策として取り入れることである。

　しかし、たとえ日本の防衛政策が変化したとしても、アジア地域に存在する経済格差や技術力格差ゆえに、そのような共同安全保障体制は不可能に近いという批判が出るであろう。では、もし共同安全保障体制がアジア

地域にできないのであれば、日本は非攻撃的防衛を戦略として持つべきではないのだろうか。いや、この場合においても、日本が非攻撃的防衛をとるのは、日本の国益にとって得策である。

まず第1に、軍事面における日本の脅威の減少は、周辺諸国から友好的な態度を引き出すことができる。急速に成長するアジア経済の中で、わが国が国民感情としても好意を持たれるのは、容易ではない。しかし、軍事的脅威の減少は、そうした感情にプラスの影響を与えるであろう。これは日本がアジアでさらに大きな発言権を得て、地域をリードしていくために重要な要素になるであろう。

第2に、アジア地域の諸国からの日本への信頼の増幅は、脅威に対する軍備増強の悪連鎖を断つことができる。たとえそれに従わない国が出たとしても、日本はまず率先してそうした国の軍備増強政策を批判することができるし、国際的にも秩序の崩壊をもたらすものとして批判が出るであろう。こうした場合には、日本は大胆な経済制裁などを行うことが許されるであろうし、他の周辺諸国も同調するであろう。少なくとも、日本が攻撃的な防衛をしているときよりも、はるかに容易にこうした対策がとれるであろう。少なくとも日本がPKO活動などの国連の活動を通じてアジア地域の平和に貢献しようとするとき、これまでよりもはるかにスムーズに活動が許されるであろう。日本がカンボジアでPKO活動に参加するとき、アジア諸国からも相当に強い懸念が表明された。しかし、その懸念は日本のPKO活動自体に関するものではなくて、将来的に日本の防衛活動がエスカレートして日本が軍事国家の道を歩むのではないかという漠然とした懸念であった。非攻撃的防衛戦略をとることによって、理論的にも技術的にも明確な規定が設けられるならば、そうした危惧は小さくなるであろう。

第3に、現在のアジア地域における日本の防衛費の割合と他の国との技術力の差を考慮すると、非攻撃的防衛は有効であり、十分な抑止力を持つであろう。現実に、潜在的敵対国から挑発を受けた場合を想定してみよう。そのとき、日本が攻撃的な兵器によって報復するならば、事態はきわめて

混沌としてきて、おそらくは小さな事件が全面的な戦争へと発展するであろう。こうした場合には、非攻撃的防衛によって徹底的に相手の挑発を打ち砕く毅然とした態度の方が現実的であるし、有効であろう。その場合にこそ、国連などの国際機関や、アメリカなどの条約提携国は日本の敵対国に対して様々な行動をとることができるのである。攻撃的兵器を保有しない、使わないことのメリットは大きく、この方が攻撃的兵器保有による抑止よりも有効な抑止力を持ち得ると考えられる。

　第4のポイントとして、国内的世論も自衛隊活動をより一層支援するであろうことを指摘したい。世論調査を見ても、マジョリティの日本人は自衛隊の存在を認めているが、自衛隊に対するイメージは複雑である。平和運動は自衛隊に対して敵対的であるし、多くの日本人も積極的に自衛隊活動を支持しているわけではない。カンボジアでのＰＫＯ活動に自衛隊を送る決定に対して、日本の各層から懸念の声があがったこともこのことと密接に関連している。日本国民は防衛問題から一般的に相当に距離を持っており、自衛隊は特殊な存在として見られているのではないだろうか。これはスウェーデンなどの国と大きく異なる点である。スウェーデンでは国の防衛は義務であると同時に誇りと受け止められており、国民の兵役義務や民防義務に関しても異議を唱える声はない。国民が全体で国を防衛しようとする体制と意思が感じられる。日本も非攻撃的防衛戦略をとり、さらに明確な防衛の思想を持つのであれば、国民から一層の支持を得ることができるであろう。これは自衛隊の活動の士気にも関わることであるし、また国の防衛はプロフェッショナルによってだけでなく、国民全体が市民防衛などによって関わる方がはるかに有効であることから考えても、重要な点であると思われる。

6 非攻撃的防衛の展開

　この非攻撃的防衛の中心ともいえるものは、技術的に証明された非攻撃性である。具体的には、ペトリオットなどの明らかに防衛と分かる兵器のみを中心とした防衛体制を目指すということである。では現在の自衛隊の中で、どういう変革が具体的になされるべきなのであろうか。これらは具体的な兵器を吟味し、さらに新戦略としての一貫性を持つよう考慮されなければならない。専守防衛から非攻撃的防衛への転換になるために具体的にどのような軍備体系をとる必要があるかについて、以下考察したい。まだ研究は十分ではなく、さらに吟味を加えなくてはならないことは承知の上で、1つのモデルとして述べてみることとする。

　まずここで基本的な認識として確認すべき点は、専守防衛から非攻撃的防衛への転換は、連続性を持ちながら、漸次的に行われるべきであることである。防衛政策においては、連続性が必要であり、訓練・教育・準備などの面からも、また経済的な制約からも、急激な変化は必ずしも望ましいものではないであろう。具体的には、非攻撃的防衛に沿わないと考えられる兵器に関しては、新しい発注をしないで、その分を非攻撃的防衛の中心的な兵器の発注に回すことによって、徐々に日本の防衛システムが非攻撃的に変革されることを目指す。非攻撃的防衛への転換は新しい防衛政策の方向性として打ち出しながらも、実際には漸次的に行われ、10年くらいのパースペクティブを持って全体的な体質の変換が行われると考えるのが現実的であろう。

　もう1つ確認しておく点は、この非攻撃的防衛への転換は必ずしも大幅な防衛費の変化を伴うものではないということである。非攻撃的防衛の平和的性格ゆえに、防衛費削減につながると予想する人もいるかもしれない。確かに防衛の攻撃に対する優越の原則からすれば、防衛費を現在よりも削減することも可能であるが、最終的には安全とコストとのバランスをどの

ように考えるかということに尽きる。つまり非攻撃的防衛の枠の中で、大幅な防衛費のアップも十分に考えられるし、相当な削減もオプションとして考えられるのである。非攻撃的防衛は様々な予算規模に合ったやり方があるのであり、これが自動的に防衛予算の削減や増加につながるのものではないことは確認しておく必要がある。

とはいうものの、現実の問題としては、どのような防衛戦略をとろうとも防衛費の大幅な膨張は国家財政の視点からほぼ不可能であり、現状維持か漸次的削減ということになるだろう。これは非攻撃的防衛の政策をとる上で望ましい状況である。防衛費の大幅な膨張は、いかに質的な変化をしているとはいえ、周辺諸国には脅威感を与えるであろうから、その意味で、非攻撃的防衛の成功にはつながりにくくなる。防衛費の全体額の変化がほとんどない場合や漸次的な削減の場合には、非攻撃的要素を多くすればするほど、全体の配分の中で攻撃的要素が減る。隣国に確かなメッセージを送るという点からも、防衛費が増加していかないという状況が非攻撃的防衛政策をとる上で望ましいのである。

(1) 防空対策

防空対策は主として次の3つにまとめることができる。まず第1に、敵のミサイルや爆撃機の識別・発見である。次に、航空警戒管制部隊などから目標への誘導を受けた要撃戦闘機部隊による迎撃である。そして3番目は、地対空誘導弾部隊による敵ミサイル・爆撃機の迎撃である。

敵のミサイルや爆撃機の探知は、航空警戒管制部隊のレーダーサイトやレーダーを搭載した早期警戒機などによって行われる。次に、指揮命令、航跡情報などを伝達・処理する全国規模の指揮通信システムである航空警戒管制部隊のバッジシステムにより目標が敵か味方かを識別する。このプロセス自体には、攻撃性において問題はない。わが国は早期警戒機としてE－2Cを保有し、偵察機としてRF－4Eを保有しているが、迅速で確実な情報の収集は非攻撃的防衛の基本的条件ともいえるものであり、これら

はさらにレベルアップされることが期待される。早期警戒管制機の導入も決定されている。それがコストを考慮した上で本当に必要かどうかということは考える必要があるであろうが、非攻撃的防衛の枠の中であると考えてよいであろう。中期防衛力整備計画には、航空偵察能力を強化するために、現有の要撃戦闘機F－4EJの一部を偵察機に転用することが盛り込まれた。要撃戦闘機の攻撃的能力を大幅に制限し、偵察機として監視に使用することは、これから歓迎されるべき方向性といえる。後に述べるように、現保有の要撃戦闘機の多くは攻撃的であるからである。地上におけるレーダーシステムや指揮通信機能の大幅なレベルアップはいうまでもなく歓迎されるべきものである。1998（平成10）年の北朝鮮からのテポドン発射の際に、自衛隊はその確認に混乱を生じてしまい、適切な対応ができなった。こうした状況を考えても、さらに高度な情報収集能力の保有は緊急の課題といえる。

　2番目の防空要撃能力は、かなりの変更を要する領域である。2001（平成13）年3月31日現在において、F－15J／DJ要撃戦闘機を203機、F－4EJ要撃戦闘機を104機、F－1支援戦闘機を37機保有している。支援戦闘機としては三菱F－1の後継機としてF－16をベースにして大幅な能力の向上を図るFS－Xの開発が進められた。これはF－1の後継機F－2として22機が配備されている。中でもF－15J要撃戦闘機とF－2支援戦闘機は、航続距離や性能の面からしても朝鮮半島のみならず中国大陸の一部にとっては大きな脅威となる。これらは相当に攻撃的な戦闘機といえる。1968（昭和43）年にF－4戦闘機を主力戦闘機として採用したときには、「侵略的な脅威」のないことを示すために、爆撃照準装置と空中給油措置を外して自衛隊装備としたのであるが、次世代のF－15Jではそのような措置はなされていない。またF－4EJの航続距離は2,900kmであるのに対して、F－15Jのそれは実に4,600kmになっている。F－1支援戦闘機の場合には、「他国に侵略的・攻撃的脅威」を与えかねないとの理由から航続距離を短くする（平壌まで往復できない）措置をとったのであるが、F－2支

援戦闘機の場合には、朝鮮半島全域を爆撃可能な基本能力が与えられることになっている。

　ここで非攻撃的防衛を実現するために具体的な提言をしてみたい。まず、Ｆ－２支援戦闘機の配備は見送りたい。もしそれが困難である場合には、航続距離をＦ－１並みに短くする必要がある。次にＦ－１５Ｊに関しては、やはりＦ－４ＥＪと同様に爆撃照準装置と空中給油措置を外す措置をとりたい。もちろんこのことによって、性能は落ちるわけであるが、それをあえて行うことが、周辺諸国に対して心理的にも大きな信頼を生み、非攻撃性が高まるのである。さらにＦ－１５Ｊなどの新たな発注に際しては、航続距離を短くする必要があろう。航続距離の長いものに関しては、当面北海道の基地に移し、対ロ対策であることを明らかにすることも意味があるであろう。全体として、戦闘機数は減少させる方向性を打ち出し、その予算は次に述べる誘導弾などの整備に使うのが賢明な方策と考える。

　地対空誘導弾部隊による敵ミサイル・爆撃機の迎撃は、非攻撃的防衛の核ともいえる戦略である。湾岸戦争においても使用され、その有効性に関して論議を呼んだ。その有効性を疑う見方から配備・整備の是非が問われている。非攻撃的防衛の視点からすれば、設計から防御のみを目的としてハイテク技術の駆使によって作り出される地対空誘導弾の整備は、まさに技術大国日本にふさわしい防衛戦略といえる。この中心的な兵器には、ペトリオット、ナイキＪ、改良ホーク、８１式短距離地対空誘導弾などがある。中でもペトリオットは、ナイキおよびホークの後継として米陸軍により開発され、１９８０年から生産を開始、アメリカやヨーロッパに配備されたものである。現在、ペトリオットは２個高射群を保有している。ペトリオットの射程距離は百数十ｋｍであり、ナイキＪは射程距離は１３０ｋｍである。改良ホークや８１式短距離地対空誘導弾は、侵入する低高度目標の撃墜を主とした地対空の誘導弾である。これらもさらに改良を加え、数を揃えるならば、効果を発揮すると考えられる。

　問題は２つに集約されるだろう。爆撃機に対する迎撃はかなり期待できる

だろうが、改良型のペトリオットであってもミサイルに対してはどのくらい有効なのか疑問が残る点である。また、それらが極めて高価なことも問題である。まずミサイルに対しての有効性であるが、ペトリオットは100％的中することも100％外れることもないと考えることができる。つまり、ペトリオットを完全防衛の兵器と考えるのは誤りであり、それを期待するのであれば、導入することに反対せざるを得ない。しかし、ある程度は機能すると予測されることは、敵国からすれば不確定要素のある障害となるであろう。完全にミサイルの通過を防げないにしても精神的なプレッシャーを与えるという点から効果はあると考えられる。

　こうした地対空誘導弾、特にこれからの主力となるペトリオットの問題点である価格について考察しよう。ペトリオット1個群の予算は約2,000～2,500億円である。さらにこうしたペトリオットの性能の高度化にかなりの予算を使っているから、実際には相当に高価なものであることは間違いない。これをどのように評価するのかは、効果対コストの関係で考えるべきであろう。ペトリオットの効果がはっきりしないから、これを明確に計るのは困難である。こうした高価で非攻撃的な兵器を購入、配備する副次的な効果も考える必要があろう。つまり防衛予算が伸びないと仮定したとき、非攻撃的兵器を購入することは、攻撃的な兵器を購入・配備することを控えなければならないということも意味するのである。F－15J1機が100億円弱するから、ペトリオット1個群を整備するには、F－15J25機分を控えなければならないということにつながるのである。前述のようにF－15Jは攻撃性の高い戦闘機であるわけで、非攻撃的防衛という観点から見れば、航空自衛隊の航空機予算を大幅に縮小させて、その分地対空誘導弾配備の予算を大幅に増やすことが望まれるのである。現在話題となっているTMD（戦域ミサイル防衛構想）に関しては、本章の終わりで私見を述べたい。

(2) 海域防衛対策

　いうまでもなくわが国は四面を海に囲まれており、海域防衛は極めて重要といえる。しかし、この海域防衛を考えるとき、基本的な姿勢が問われる。つまり海域防衛にシーレーン防衛を含むか否か、また仮に含むとしてもどのような防衛のあり方を考えるかということである。実はこの点が非攻撃的防衛に密接に関わってくるのである。

　結論からいえば、極めて限定された形での防衛のみシーレーン防衛において許されるということである。シーレーンは現在のところ幅100マイル、長さ1,000マイル程度の帯が考えられているが、このシーレーン防衛の方法論は大きくいって2つある。第1の考え方は、船団護衛方式と呼ばれるもので、日本の船団をヘリ空母などの対潜掃討部隊によって護衛する方法である。護衛艦が付き添い、日本の船団に対して攻撃が行われればその防御に回る。船団直接護衛という点の作戦であり、日本船団という一種の日本領土の延長を守るという考え方である。この考え方である限りにおいては、非攻撃的防衛の範囲内ということができる。

　もう1つの考え方は、最近の議論ではむしろ一般的である航路帯防衛という方法論である。これは点の防衛から線の防衛に移っていくものであり、幅100マイル、長さ1,000マイルの帯の中に入る敵潜を攻撃し、その帯の安全を確保するというものである。これには相当に攻撃的な作戦が必要になり、このことを念頭に護衛艦や航空機の大型化・高性能化が行われてきたといえる。しかし、この考え方は根本的な問題点を有している。公海の中に設けられた国際的に何の条約規定ものない幅100マイル、長さ1,000マイルの帯をあたかも日本の領海のようにみなすこと自体、「専守防衛」という日本のこれまでの政策からしても無理である。公海である以上、様々な国籍の船舶や潜水艦などが通過するわけであるが、その公海の一部を自分の国の領海のように扱うことはできない。船団に危害を加えられて初めて、何らかの対策をとることができるのである。また、日本から離れた海域の帯を守ることは、非常に攻撃的な段階へエスカレートしやすい点も考慮す

べき点である。潜在的な危険を感じるときに、一定の面積を持った帯状の海域を防衛しようとすると、その地帯に疑わしい潜水艦が入っていなくても攻撃を加えることもあり得るであろうし、そうした潜在的な危険を払うためには、攻撃を加え、また加える可能性のある国の軍艦や潜水艦を攻撃しなくてはならなくなるであろう。つまり、航路帯のすべての安全を護ることを目指すのであれば、それは実際には非攻撃的防衛という枠組みはおろか一般的に考えられている専守防衛の枠組みからもはみ出す防衛を考えていかなくてはならないのである。そこで必要とされる攻撃力は、シーレーン周辺諸国に対する脅威であり、そうした国からすれば攻撃的である。

　実際にシーレーンを遮断しようとする国が現れたとき、個々の日本国籍の船舶に対する攻撃に立ち向かうのは許される範囲の防衛であろうが、予防的にミサイルを発射したりすると日本は日本の領域外で紛争に直接介入することになる。船団直接護衛が非攻撃的防衛理論に合致したシーレーン防衛の考え方だと思われる。では本当に船団直接護衛で大丈夫なのかという疑問を持つ人が出るだろう。散発的な攻撃に対しては防衛できるであろうし、それなりの抑止力もあるであろう。しかし、ある国が本気でシーレーンの切断を試みた場合には、攻撃的な対応策をとったとしても簡単なことではない。そういう場合には紛争の中に入るよりは、そうした国に対して、国際的な経済制裁などで臨むなどの手段をとった方が賢明と考えられる。

　護衛艦や対潜哨戒機などの攻撃／非攻撃のラインに関する1つ1つの吟味は、戦闘機などの場合よりも難しいように思われる。上述のようにむしろシーレーン防衛に対する戦略態度の方が重要と思われる。しかし、シーレーン防衛に対して船団直接護衛を考えると、高価な対潜哨戒機P－3Cなどよりも対潜ヘリコプターなどの方が実際に有用ではあるまいか。攻撃型潜水艦などは減少させていってもよいのではないかと考えられる。

　領海防衛に際しては、もちろん地対艦誘導弾や対舟艇ミサイルなどは優れて非攻撃的な防衛兵器である。領空防衛のときと同じように、こうした

地対艦誘導弾や対舟艇ミサイルなどはさらに一層充実が図られるべきである。また機雷敷設も日本の優秀な技術力を生かすことのできる戦略である。機雷敷設艦と掃海艇とを組み合わせた形で効果的で迅速な機雷敷設戦略をレベルアップする必要があろう。

(3) 領土防衛

まずわが国の領土防衛に関して確認すべき点がある。それは領土に侵入されたら、非常に短期間のうちに壊滅的な打撃を受けるであろうということである。第1に、人口は都市に集中し、高度に電化・エレクトロニクス化が進んでいる。いかなる攻撃であろうと受けてしまえば、深刻な打撃を受けるだろう。また、一般国民は防衛ということから意識的にも技術的にも相当に距離があり、市民的防衛・レジスタンスやゲリラレジスタンスなどはまず考えられない。第3に地理的にもベトナムなどのようにジャングルはほとんど存在せず、そうした条件を使って抵抗を続けることもあり得ないだろう。ゆえにわが国の地上作戦はいわゆる水際防衛ということになる。

非攻撃的防衛に関して、地上防衛という面から確認すべき点がある。それは、日本の領土の防衛ということばかり考えていると、地上防衛で使われる兵器は攻撃的ではなく、ゆえに挑発的ではないということである。つまり、戦車などの兵器が攻撃的か否かを見極める視点は、1つには日本の防衛においてそれがどの程度必要とされているか、そして、もしそれが海外に渡ったらどのくらいの脅威を与えるかという2つの要素である。もし、仮に海外に渡ったときに脅威を与えるものであるならば、日本での地上防衛との関連を検討しながら、抑制していく必要があるのである。

領土防衛に関しては、徹底的な水際防衛ということと、その兵器の環境が変化したときの攻撃性の2つのポイントを吟味しながら考えていきたい。

まず非攻撃的な兵器で有効と考えられるものをあげたい。対戦車ミサイルや対戦車ヘリコプターなどは、この防御的兵器といえグループに入れてもよいであろう。多連装ロケットやりゅう弾砲、自走りゅう弾砲、自走無

反動砲なども同様に、地上に上がってくる敵軍を迎え撃つものとして、効果を発揮すると考えられる。ヘリボン攻撃や空挺攻撃に関しては、自走高射機関砲などによる攻撃は防御的な力として一般に認められるであろう。水際防衛に要される必要度を考慮すると、これらは周辺国も納得する防御兵器として考えられるだろう。これに機雷などによる障害を設けることなどは、非攻撃的レベルの防衛といえる。言い換えれば、こうした野戦砲や対戦車火器などの対地火力や機雷などを現在よりもさらに充実させて、敵の上陸を阻止することは、非攻撃的防衛の枠に入れられる地上作戦である。対人地雷は非攻撃的兵器であるが、民間人をも無差別に殺傷する非人道的兵器でもある。対人地雷全面禁止条約の批准いかんにかかわらず、対人地雷を使わないことは重要であろう。対戦車地雷は対人地雷とは分けて考えることができるだろうが、日本の地理的な条件を考えるなら、日本の海岸線に対戦車地雷だけを敷くのはあまり意味があるとは考えられない。水上への機雷は可能性のある兵器と考えられるが、当然のことであるがこの場合にも、人道性や紛争終了後の安全性の確保などに十分配慮した使用が必要である。

　さて、問題となるのが戦車である。現在わが国には2001（平成13）年3月31日現在で、1,050両の戦車がある。平成12年度、13年度と現在なお90式戦車は18両ずつ装備され続けている。（旧）ソ連の侵略を北海道で迎え撃つというシナリオを描いていたときには、確かに戦車は防衛に不可欠であり、数も相当数が必要とされていただろうが、ソ連が崩壊し、ロシアからの侵略の脅威が著しく減少した今日、果たしてこれほどの戦車を保有することは防衛効果という点からも必要であろうか。90式戦車はまさに「国産のハイテク技術を結集した世界に誇れる性能」を有しており、これを数多く保有することは、周辺諸国にとっては攻撃的と映るであろう。戦車による防衛のウエートを減らし、その分、攻撃性の低い兵器を中心とした防衛に移行することが必要であると考えられる。

7　現代日本を取り巻く課題について

(1) 日米安保と非攻撃的防衛

　日米の関係をどのように模索していくのかは、非攻撃的防衛の展開を考えるにあたって、大きな問題である。極めて攻撃的なアメリカ軍と同盟関係にあることは、非攻撃的防衛と矛盾するのではないかという根本的な問題もある。日本の防衛を考えるとき、アメリカとの関係は極めて重要であり、その関係を非攻撃的防衛の論理と矛盾しないような形に変化させていく努力をしなくてはならない。ここで肝要なのは、一気にすべてを変革していくというスタイルではなく、短期的、長期的なパースペクティブでその時点における「より」非攻撃的な態勢を考えるということであろう。

　現在のままの日米安保体制は、相当に攻撃的な態勢であり、またそのように近隣諸国、特に中国からは捉えられるだろう。しかし、アメリカと縁を切り、日本独自な防衛体制を現時点の状況下で持つことは、日本の安全保障を不安定にさせるばかりでなく、アジア全体に新たな不安をもたらすことにつながると考えられる。前述したように、アジアにはまだ頼れるような集団安全保障体制がほとんどなく、また日本と中国という2大国が安全保障の面でリーダーシップをとれるような状況にない。第2次世界大戦の記憶も絡んで、依然として日本脅威論も盛んである。このような状況では、日本は日米安保体制の中で、あえて「封じ込められる」スタイルを取りながら、自らの防衛力を非攻撃的に変換していき、アジアからの信頼を得ていくことは、次のステップを考える上で意味あることと考える。

　このことを考えた上で、短期的にいくつかの変革をしていく必要があるだろう。まず、国連主義をさらに強く持ち、日米安保に歯止めをかけることである。つまり、日米だけで、もっと正確にはアメリカだけでアジアの国際秩序を考えるのではなく、もっと広い立場からの国際世論をベースにしてアジアの平和を考えていこうとする方向である。そのために、国連の

枠組みを最大限に活用し、アメリカの「攻撃性封じ」を試みる。もちろん、国連は大きな問題点も抱えており、国連主義への転換が日本の安全保障、アジアの安定を保障するという簡単なものではないことはいうまでもない。

まず第1に、国連は現在のところ武力による制裁能力を備えておらず、有事の際の対応は湾岸戦争に見られるようにアメリカの軍事力を中心としたものとなりがちである。また、アジアの緊張事態を考えるとき、国連で拒否権を保有する中国、ロシア、アメリカのいずれかが相当に密接に関わっているケースが可能性が高い。特に日本周辺の有事となれば、そうした可能性は一層高い。このとき、国連はうまく機能するのかという不安もある。こうした問題点を踏まえた上で、国連改革の主導権をとりながら、でき得る限り国連主義へ転換していく方向性は、攻撃性の高いアメリカ頼りの現在の体制からの脱却を図る上で重要と考える。国連改革を積極的に進め、新たな国際秩序の形成を国連主義の色濃い北欧諸国らとともに努力するなら、そのこと自体、日本の国際社会での評価につながるであろう。

また日米安保を保持しながらも、アメリカの攻撃的な戦略への非協力の原則を謳うことも可能な選択肢であろう。現在のところ、「アメリカは日本を守ってやっているんだから、どのような協力もするのが当然だ」といった態度で、日米安保のシステム作りは行われている感じがある。新ガイドラインはまさにこの方向性のもとに、有事の際に日本はアメリカにいかなる協力をすることができるかを取り決めたものといえる。いかに日本の受け持つ役割が非攻撃的な部分に集中しているとしても、日米安保のもとに行われる戦略が全体として攻撃的なものであるならば、非攻撃的防衛方針のもとでは、容認できる事態ではない。つまり、日米安保の保持が現状において必要であるとしても、戦略として攻撃的であるものには、日本は非協力の立場を貫ける条項を入れる必要がある。アメリカの戦略には自動的に協力するという態度では、当然のことながら非攻撃的防衛が成り立つとは考えられない。

短期的な視点から考え得る政策としては、韓国との関係の改善も重要な

ポイントである。特に国民感情という点においては日韓関係はとうてい良好といえるようなものではない。日米安保体制だけでなく、他のオールタナティブを模索しようとするとき、決定的に大切なのは日韓関係であるといえる。日本と韓国が友好な関係を国民レベルにおいても政治レベルにおいても持つようになれば、北朝鮮の脅威は大きく減退すると考えられるし、また仮に有事の際にも相当に大きな意味を持つと考えられる。日米安保から多極的な安全保障体制へのステップがここから築け得ると思われる。

　長期的な方向性としては、アジア内の安全保障体制の確立が望まれるのはいうまでもない。もちろん少なくとも現状においてはこれは簡単でないことは確かである。しかし、日本が非攻撃的防衛方針をとり、信頼を獲得していく努力を積み重ねるなら、アジアの安全保障体制づくりは大きく発展する可能性がある。経済的にも、政治的にも、そして軍事的にも日本はアジアのキーアクターであることは間違いないのだが、第2次世界大戦での記憶やその後の政策によって、アジア諸国は日本に対する大きな不信感を持っている。この不信感がアジアの安全保障体制の構築の障害になっている。日本が非攻撃的防衛の方向へ転換していくこと自体が、日米安保を乗り越える集団安全保障体制へのステップとなるのである。

(2) TMDと非攻撃的防衛

　TMDとは戦域ミサイル防衛を意味し、**Theater Missile Defense** の略称である。飛来する弾道ミサイルを偵察衛星などでとらえ、迎撃ミサイルで撃ち落とす防衛システムである。THAAD（戦域高々度地域防衛）やNTWD（海軍広域防衛）は大気圏内外の高々度で弾道ミサイルを迎撃し、ペトリオットの改良型（PAC-3）やMEADS（準拡大防空システム）などは、より低い高度で弾道ミサイルを迎撃するシステムである。

　1993年にクリントン政権が提唱し、この構想への参加要請が強まり、防衛庁は庁内に弾道ミサイル防衛研究室を設置して研究を開始している。とはいうものの、実現までには多くの課題があり、最近までは現実的な政策

とはみなされていなかった。しかし、1998（平成10）年8月の北朝鮮のテポドンの発射は、状況を大きく変貌させようとしている。

1998年9月20日にニューヨークで開かれた日米安保協議委員会は、北朝鮮によるテポドン発射を受けて開催されており、対抗策としてTMDの共同技術研究実施で合意している。まだ研究の範囲を超えているとはいえないが、TMDへ向けて新たなスタートが見切り発車の形で切られた。

TMD構想は、基本的な部分においては、非攻撃的防衛と矛盾するものではない。攻撃してくるミサイルを撃ち落とすのを目的としているわけであり、極めて防衛的な兵器といえる。本書でもバリー・ブザンは、こうしたTMD構想に対しては肯定的な論を展開しているし、本章においてもペトリオットの配備に関して好意的な意見を述べた。基本的な発想において非攻撃的防衛の論理と矛盾しないのではあるが、現実的にコストと利益との関係からTMD構想を見てみるとやはり問題があるといわざるを得ない。

TMDの問題点の1つは何といっても巨大な開発・調達費用である。どれだけの規模のものを想定するかによって予算は大きく変動するであろうが、どのように見積もっても兆単位のものになるだろう。どれほど現実的な見積もりかはさておいて、基本的な配備だけで日本側の負担は2兆円にのぼるといわれている。年間約5兆円弱の防衛予算で賄うには、あまりに大きい。

もう1つの問題は、軍事的効用についての疑問である。TMDはテロリスト国家による少量のミサイル攻撃に対処できる可能性は秘めているものの、大規模ミサイル攻撃には到底対応できないといわれる。おとり弾頭、探知レーダーの錯乱など様々なTMD網突破手段が用いられるために、高い迎撃率を確保するのは難しいのである。実際に、アメリカがこれまでに行った陸上発射の戦域高々度広域防衛（THAAD）ミサイルの実験は、5回連続して失敗している。

本章では、ペトリオットの配備に関して、心理的な効果をあげて肯定的な見解を示したが、さらに高度なTMDとなると予算と効果を見極めなくてはならないだろう。どのようにしても100％の防御が難しいのであれば、

それを目指して巨大な資金を費やすよりも、どのくらいかは分からないが有効で「あり得る」レベルにとどめていてもよいのではないかというのが私の考えである。改良型のペトリオット（ＰＡＣ－２）でも心理的効果は持つだろうし、ＴＭＤに費やす巨額の資金は別の形で信頼醸成のために使った方が、より有効であるだろう。

8　おわりに

　以上、非攻撃的防衛の構想を大雑把ではあるが、まとめてみた。今、わが国は冷戦終焉後の新しい防衛スタイルが希求されている。この非攻撃的防衛はまさに新しい時代に即応した新しい防衛方法であり、これからの日本の防衛を考える上で有力なオプションの1つになるだろう。わが国がアジア地域において安全を確保しながら、同時に友好と信頼を得て、国際社会でリーダーシップを発揮できる環境への展望は、非攻撃的防衛を通して可能になるといえる。専守防衛政策から非攻撃的防衛政策への軌道修正を、提言したい。

　わが国は、広島・長崎への原爆災害の体験などから平和主義、理想主義の強い国であるが、同時に、混沌としたアジア情勢の中に位置する国でもある。この理想主義と現実世界とのジレンマが非攻撃的防衛をとることによって解消され、わが国が力ある平和国家としてさらに発展するよう願わずにはいられない。

References

朝雲新聞社（2001）『自衛隊装備年鑑2001』朝雲新聞社
朝雲新聞社（2001）『平成13年版防衛ハンドブック』朝雲新聞社
五百旗頭真（1992）『秩序変革期の日本の選択』ＰＨＰ研究所
石渡利康（1990）『北欧安全保障の研究』高文同出版社
猪口邦子（1989）『戦争と平和』東京大学出版会
猪口孝（1992）『現代国際政治と日本』築摩書房
資料調査会・編（1998）『世界軍事情勢1998年版』原書房
大塚智彦（1995）『アジアの中の自衛隊』東洋経済新報社
児玉克哉（1992）「スウェーデンの防衛政策の一考察」『三重大学人文論叢8号』三重大学人文学部
小林宏晨（1990）『自衛の論理』泰流社
志方俊之・前田哲男（1994）『自衛隊はどこへ行く』日本評論社
立花正照（1992）『図解最新ハイテク兵器のすべて』朝日ソノラマ
谷三郎（1992）『日本の空軍力』朝日ソノラマ
内藤一郎（1992）『軍用航空機技術の将来』醐燈社
西原正（1988）『戦略研究の視角』人間の科学社
西原正／セリグ・Ｓ・ハリソン・共編（1995）『国連ＰＫＯと日米安保』亜紀書房
日本兵器研究会・編（1995）『間違いだらけの自衛隊兵器カタログ』アリアドネ企画
パーキンソン（1992）『国際関係の思想』（初瀬龍平、松尾雅嗣訳）岩波書店
防衛庁・編（2001）『平成13年版防衛白書』大蔵省印刷局
防衛年鑑刊行会（1999）『防衛年鑑1999』防衛年鑑刊行会
防衛法学会・編（1992）『世界の国防制度』第一法規出版
前田哲男（1990）『自衛隊は何をしてきたのか』ちくまライブラリー
松本三郎・大畠英樹・中原喜一郎・編（1993）『国際政治新版』有斐閣ブックス
丸編集部・編（1991）『軍艦メカ／4』光人社
丸編集部・編（1990）『写真　日本の軍艦別巻2』光人社
室山義正（1992）『日米安保体制』上／下　有斐閣
Boserup, Anders and Robert Neild, eds. (1990) 'The Foundations of Defensive Defence' Macmillan
Buzan, Barry (1991) 'People, States and Fear' Lynne Rinner
Gilpin, Robert (1981) 'War and Change in World Politics' Cambridge University
Herz, John M. (1951) 'Political Realism and Political Idealism' University of Chicago Press
Møller, Bjørn (1992) 'Common Security and Nonoffensive Defense' Lynne Rinner Publisher

第5章　非攻撃的防衛を日本の防衛基本に　*175*

Møller, Bjørn (1992) 'Resolving the Security Dilenmma in Europe' Brassey's

Morgenthau, H.J. (1960) 'Politics among Nations' (伊藤・蒲野訳『国際政治学』アサヒ社)

Nolte, Wilhelm (1989) 'Winning Peace' (with Fisher, D. & Oberg, J.) Crane Russak

Walz, Kenneth N. (1979) 'Theory of International Politics' Addison-Wesley

あとがき

　非攻撃的防衛の理論に出合い、その理論を日本に当てはめようとしてから10年の年月が流れた。大きな枠組みは数年前から出来上がっていたが、編者の怠慢もあり、また出版界を取り巻く厳しい状況もあり、出版は遅れてしまった。

　本書は、軍事主義を説くものではなく、しかし絶対的平和主義を貫くものでもない。平和を模索する立場から日本の軍事をどのように考えていくのかを論じたものである。それだけに、軍事主義的アプローチを取る人からも、絶対的平和主義を唱える人からも批判を浴びるかもしれない。

　私は一貫して平和研究に取り組んできた。確かに、非暴力主義に代表される絶対的平和主義の研究の蓄積は重く、貴重である。私自身、多くのものを学ぶことができたし、これからも学んでいきたい。しかし同時に、応用科学としての平和研究は、現実社会の中で実践的変革の力を持つべきであるとも考えている。ブザンも述べるように、非攻撃的防衛の理論は、現実主義と平和研究が接点を模索しながら発展してきた理論である。戦後日本の防衛に関する議論は、日米安保をベースとしてアメリカの要求する現実主義的・軍事主義的アプローチと憲法9条をベースとした絶対的平和主義的アプローチとの狭間で揺れ動いてきたといえる。日本は心情的に平和憲法を支持しながらも、政策としての現実主義に押され続ける選択をしてきた。この半世紀において、平和憲法をベースにした日本の防衛における明確な戦略があったのかどうか、疑わしいと思う。つまり、基本としてアメリカの軍事戦略があり、それをいかに日本の平和勢力との駆け引きで薄めながら妥協点を見つけるかという作業が、日本の防衛政策であったのではないだろうか。非攻撃的防衛の理論は、日本が揺れ動く現実の世界に対応しながらも平和主義の精神を保持し、平和な世界へのブレークスルーをもたらす可能性のある理論であると考えている。

その潜在的力を確信しながらも、編者の力はあまりに未熟であるし、また非攻撃的防衛の理論自体もまだまだ未熟である。だからこそ、批判を受け、日本の防衛政策を左右し得る非攻撃的防衛の理論をさらに発展させたい。その機会を与えてくださった大学教育出版の佐藤守氏には心から感謝したい。

なおこの本の出版にあたっては、多くの研究者の方から助言と温かい励ましをいただいた。また、翻訳にあたってはコペンハーゲン平和研究所の協力のもと、木村力央氏と永田尚見氏に尽力いただいた。この場をかりて感謝したい。

2001年10月

児玉　克哉

■著者紹介

児玉　克哉（こだま　かつや）

　　三重大学助教授、国際平和研究学会事務局長

Håkan Wiberg（ホーカン・ウィベリー）

　　コペンハーゲン平和研究所教授、ヨーロッパ平和研究学会前会長

Bjørn Møller（ビョン・ミョレー）

　　コペンハーゲン平和研究所上級研究員、国際平和研究学会前事務局長

Barry Buzan（バリー・ブザン）

　　ウエストミンスター大学教授、コペンハーゲン平和研究所教授
　　世界的に反響を呼んだ『People, States and Fear』の著者

新発想の防衛論
── 非攻撃的防衛の展開 ──

2001年11月20日　初版第1刷発行

- ■編著者────児玉　克哉／ホーカン・ウィベリー
- ■発行者────佐藤　正男
- ■発行所────株式会社 大学教育出版
  - 〒700-0951　岡山市田中124-101
  - 電話 (086) 244-1268　FAX (086) 246-0294
- ■印刷所────互恵印刷㈱
- ■製本所────日宝綜合製本㈱
- ■装　丁────ティーボーンデザイン事務所

Ⓒ Katsuya Kodama , Håkan Wiberg, 2001, Printed in Japan
検印省略　　落丁・乱丁本はお取り替えいたします。
無断で本書の一部または全部を複写・複製することは禁じられています。

ISBN4-88730-465-X